高等学校"十四五"生命科学规划新形态教材

U0772012

第 3 版

基础生态学实验指导

主编　娄安如　牛翠娟

编者　（以姓氏拼音为序）

黄晨西　廖万金

刘　宁　娄安如

牛翠娟　王红芳

周云龙

中国教育出版传媒集团

高等教育出版社·北京

内容简介

本书分五个部分和附录，共包括 33 个实验。第一部分介绍生态学研究的基础知识与技术方法；第二、三、四和五部分分别为有机体与环境、种群生态学、群落生态学以及生态系统生态学相关的实验内容；附录部分包括生态学野外实习的意义及组织管理、野外生存常识、生态学实验室常用试剂的配制及常规实验仪器。在不同层次强调对生态学基础理论和基本实验技能的训练。实验内容既有验证性实验，也有需要学生自主设计的探索性实验。

本书配套的数字课程内容包括教学课件、推荐阅读、重点实验操作视频、部分实验的参考资料等，为教师教学与学生自主学习提供参考。

本书可供高等院校生物科学、生态学、环境科学、农学和林学等专业的学生使用，也可供相关学科科研人员参考。

图书在版编目（CIP）数据

基础生态学实验指导 / 娄安如，牛翠娟主编 . -- 3版 . -- 北京：高等教育出版社，2022.3（2024.12重印）

ISBN 978-7-04-058429-5

Ⅰ . ①基… Ⅱ . ①娄… ②牛… Ⅲ . ①生态学 – 实验 – 高等学校 – 教材 Ⅳ . ① Q14-33

中国版本图书馆 CIP 数据核字（2022）第 046659 号

JICHU SHENGTAIXUE SHIYAN ZHIDAO

| 策划编辑 | 田 红 | 责任编辑 | 田 红 | 封面设计 | 张雨微 | 责任印制 | 刘弘远 |

出版发行	高等教育出版社	网 址	http://www.hep.edu.cn
社 址	北京市西城区德外大街4号		http://www.hep.com.cn
邮政编码	100120	网上订购	http://www.hepmall.com.cn
印 刷	天津鑫丰华印务有限公司		http://www.hepmall.com
开 本	850mm×1168mm 1/16		http://www.hepmall.cn
印 张	9	版 次	2005年9月第1版
字 数	220 千字		2022年3月第3版
购书热线	010-58581118	印 次	2024年12月第5次印刷
咨询电话	400-810-0598	定 价	28.00元

数字课程（基础版）

基础生态学
实验指导

（第3版）

主编　娄安如　牛翠娟

基础生态学实验指导（第3版）

本数字课程与《基础生态学实验指导》纸质教材配套，主要资源包括教学课件、推荐阅读、重点实验操作视频、部分实验的参考资料，为教师教学和学生自主学习提供参考。

用户名：＿＿＿＿　密码：＿＿＿＿　验证码：＿＿＿＿　5360　忘记密码？　**登录**　注册

http://abook.hep.com.cn/58429

扫描二维码，下载Abook应用

序

近年来，环境、健康、可持续发展这些词语在社会生活中出现的频率越来越高，用以解决这些问题的生态学也日益受到从政府到普通百姓的普遍关注，极大地促进了现代生态学的迅速发展。同时，越来越多的现代高新科学技术渗透进生态学研究领域，从研究手段上解决了许多传统生态学无法解决的难题，有力地促进了生态学从侧重于描述性转向更加注重实验性。生态学教育在世界各国受到空前的重视，除加强生态学基础理论教育外，由于从事生态学相关工作的人员日益增多，对生态学研究方法、手段、应用教育的加强也是目前国际上生态学教育发展的一个重要趋势。

为适应新世纪生态学教育发展的需要，我国加强了生态学教育改革的研究。北京师范大学生命科学学院几十年来坚持为学生开设生态学课程，几年前由几个具有丰富生态学教学经验的教师承担了教育部高等教育司"面向21世纪生态学教育改革项目"的研究，研究结果使我们认识到，我国生态学教育特别是生态学实验教育与国际水平还有很大差距，许多高校生态学专业没有开设相应的实验课程，生态学实验教材更是极为匮乏，对学生生态学研究方法与技能的训练急需加强。为此，我们决定编写一套注重加强学生生态学基础知识与实践技能的生态学理论与实验教材，其中用于理论教学的《基础生态学》已由高等教育出版社出版。我很高兴地看到这本实验指导书在几个教学一线教师的努力和北京市高等教育精品教材重点建设项目资金的支持下也将出版了。

该书内容丰富、全面，强调基本功的训练，通俗、实用。实验可操作性强，另外增添了让学生独立设计实验的部分，为培养学生的科研技能和创新能力提供了很好的平台。理论联系实际是该书的明显特点，学生通过学习，既能掌握生态学的基本原理，又能掌握生态学中的基本研究方法以及指导生产实践的一些技术手段。

在此，我非常高兴能把它推荐给广大读者，既可作为高等院校生态学及相关专业学生的实验教材，也可作为生态学研究人员的参考书。

孙儒泳

2005 年 3 月 20 日

注：此为孙儒泳院士为本书第 1 版所作序。

第3版前言

进入 21 世纪，随着生态学各分支领域的迅速发展及其在人类社会、生活中所发挥的作用日益增强，生态学教育受到空前重视。生态学实验作为加强学生实践技能和深入理解生态学理论知识必不可少的环节，在人才培养中扮演着重要的支撑作用，其重要性逐渐被认识，开设实验课的学校越来越多。由于生态学研究具有微观尺度和宏观尺度，许多研究方法和实验难以在有限的课堂教学中呈现，因此，如何设计实验，使之在实现实验目标的同时，又具有较好的可操作性，使生态学实验的教学得以顺利进行一直是一个难点。北京师范大学作为国内较早开设生态学实验的高校，教学团队在总结多年教学经验并吸取国内外大学生态学实验教学经验的基础上，结合我国本科生的教学特点，编著出版了《基础生态学实验指导》。本教材自 2005 年首版以来，已经出版两版，印刷十余次，以其内容全面、可操作性强等特点受到普遍欢迎，被国内很多高校作为首选教材，对国内生态学实验教学的开展起到了积极推动作用。

在使用《基础生态学实验指导》第 2 版开展实验的教学实践中，我们一直不断探索，不断完善与纠正实验指导中的不足与错误，力争让实验教材的设计更加合理，使读者根据教材能够更方便、直观地开展实验训练。我们也收到了一些高校教材使用者给我们提出的很好的建议。此次再版，我们更正了一些错误和不足之处，并根据生态学的发展补充了最新的知识。第 3 版仍分为五个部分，第一部分为生态学研究的基础知识与技术方法，主要目的是帮助没有生态学基础的学生在动手开始生态学实验训练之前，掌握一些生态学研究的知识和方法。第二、三、四、五部分是具体的实验内容，涵盖个体、种群、群落和生态系统生态学，强调对生态学基础理论和基本实验技能的理解与训练。最后，以附录的形式介绍了如何组织野外生态学实习、野外生存常识、生态学实验中常用试剂的配制和常规实验仪器，以便师生查阅。

本版，我们主要在第一部分的生态学数据分析方法中补充了广义线性混合模型，修订了生态学研究中常用的分子标记技术，提供了应该如何撰写规范的实验报告等内容。在第二至第五部分增加了"运用 DNA 条形码技术进行物种鉴定""叶绿素测定法估测淡水生态系统初级生产力"两个实验；对每个实验在更新知识与纠错的基础上，重点根据本科生生态学实验的教学特点，加强了实用性、可操作性和拓展性的细节修改。在最后的附录部分增加了"生态学野外实习的意义及组织管理"。

本版重新规划了配套的数字课程，内容包括教学课件、推荐阅读、重点实验的操作视频、部分实验的参考资料等，为教师教学和学生自主学习提供参考。

本书由北京师范大学生命科学学院教师编写完成，参加该书修订的有娄安如教授、牛翠娟教授、廖万金教授、周云龙教授、刘宁副教授、王红芳副教授和黄晨西高级实验师。

各位作者具体的编写分工见各部分或各实验后的署名。

　　由于我们水平有限,书中内容一定有不足之处,希望使用本教材的教师与学生以及相关科学工作者能够为我们指出。

　　　　　　　　　　　　　　　　　　　　　　　编者

　　　　　　　　　　　　　　　　　　2022 年 2 月 18 日于北京

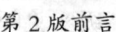

第 2 版前言　　　第 1 版前言

目　录

第四部分　群落生态学

第五部分　生态系统生态学

附录

第一部分
生态学研究的基础知识与技术方法

　　本部分的目的是帮助学生在开始生态学实验之前掌握一些最基本的有助于生态学研究的知识和方法。学好本部分将为学生在后续的实验训练中充分发挥自己的主观能动性，完成好实验设计、数据分析和实验报告撰写打下良好的基础。

第一节　生态学研究文献检索

　　在进行生态学研究过程中，经常要检索文献。如要开展居住区内麻雀种群数量及分布的调查，首先要通过查文献了解这种麻雀的各种生态习性、调查区域内的物理环境、以前人们对该种麻雀在相关研究领域做过何种研究等，在此基础上才有可能制订合理的研究计划。文献检索是科学研究工作中的一个重要步骤，贯穿研究的全过程。文献不仅为选题提供依据，而且能指导具体的研究工作。学会快捷、有效地检索文献，以获得所需要的资料，就像学会查字典对阅读的帮助一样，将有助于学习和研究工作。

一、文献性质

　　文献按其内容性质一般可分为一级文献、二级文献和三级文献。
　　一级文献即原始文献，是由亲自经历事件的人所提供的各种形式的资料，如专著、研究报告、论文、会议文献等出版物和非出版物。这种文献是我们进行研究的第一手资料，进行文献查询时，通常要获得原始文献才能把问题彻底搞清楚。
　　二级文献指对一级文献加工整理而成的系统化、条理化的文献资料，如文摘、索引、书目以及类似内容的各种数据库等，具有报告性、汇编性和简明性的特点。这种文献是十分重要的检索工具，可帮助我们在短时间内找到研究所需的资料。经常根据分类目录翻一翻自己研究领域的最新文摘，对了解本领域的研究进展非常有帮助。

三级文献指在二级文献的基础上对一级文献进行分类后，经过加工、整理而成的带有个人观点的文献资料，如文献综述、数据手册和年鉴等。这类文献综合性强，具有浓缩性和参考性等特点，在进行研究选题时读几篇相关领域的最新综述，可事半功倍地获得很多有用信息。

二、检索方式

文献检索可大体分为利用计算机和互联网的电子文献检索和直接利用图书馆的传统手工检索。如果是查找某论文或书籍后面的参考文献，因有关该文献的信息很完整（如题目、作者、发表时间、期刊名、卷、期和页等），可依照网络或图书馆的提示直接找到原文。但很多情况下，我们需要查找的文献信息并不完整，如想找某一方面近几年的文献，或某一领域某位著名学者的论文，这时我们一般需要用二级文献提供的检索资料。常用的检索途径主要有4种：

（1）分类途径：把文献的名称按照学科自身的体系组织起来的检索系统，比较适合对某一特定学科中特定类别文献的查找。

（2）主题或关键词途径：根据文献的关键词组织起来的检索系统。该种方法可为用户提供较为宽阔的检索途径，特别在电子文献检索时，利用搜索引擎，按照关键词去查找特定的文献，其效益更加明显。

（3）作者途径：将文献的作者按照一定的排检方法组织起来形成的检索系统。它比较适合对于某一特定作者所著文献的查找。

（4）书名或篇名途径：是将文献名称按照一定的排检方法组织起来形成的检索系统。只要知道文献的名称，就可找到原始文献。

（一）手工检索

手工检索查阅文献就是充分利用你周围的资料室或图书馆资源，直接翻阅感兴趣的书籍或期刊，这对初次进入生态学研究领域或拟开展生态学相关工作的入门者来说，常常会有意外的收获。一些较经典的或有代表性的生态学相关书籍和期刊如下：

1. 教科书（textbook）

Begon M，Harper J L，Townsend C R. Ecology：individuals，populations and communities. 5th ed. Sunderland：Sinauer Associates，2005.（基本覆盖生态学全领域的优秀大学教科书）

Krebs C J. Ecology：the experimental analysis of distribution and abundance. 6th ed. London：Pearson Addison Wesley，2014.（基本覆盖生态学全领域的优秀大学教科书）

Mackenzie A，Ball A S，Virdee S R. Instant notes in ecology. New York：Springer-Verlag，1998.（适合生态学专业本科1~2年级学生的突出生态学知识点与概念的教科书）

Molles M C. Ecology：concepts and applications. 7th ed. Dubuque：McGraw-Hill Education，2016.（涵盖生态学入门知识与众多研究案例的优秀大学教科书）

Smith R L，Smith T M. Ecology and field biology. 9th ed. London：Pearson Education，

2015.（基本覆盖生态学全领域的优秀大学教科书）

孙儒泳，王德华，牛翠娟，等.动物生态学原理.4版.北京：北京师范大学出版社，2019.

牛翠娟，娄安如，孙儒泳，等.基础生态学.4版.北京：高等教育出版社，2023.

2. 期刊（journal）

Annual Review of Ecology，*Evolution*，*and Systematics*，Annual Reviews，United States（涵盖生态学、进化生物学领域重要的研究进展）

Ecology Letters，Wiley-Blackwell Publishing（生态学研究领域最具影响力的期刊之一）

Ecology，Ecological Society of America Publications（涵盖生态学领域各个方面的最具影响力的期刊之一）

Ecological Monographs，Ecological Society of America Publications（生态学领域具有影响力的期刊，文章通常较长，为内容多、文本长的论文平台）

Frontier in Ecology and the Environment，Ecological Society of America

Functional Ecology，British Ecological Society（刊发从个体到生态系统尺度的有助于理解生态模式和过程机制的学术论文）

Journal of Animal Ecology，British Ecological Society

Nature Ecology and Evolution，Springer Nature Press

Trends in Ecology & Evolution，Elsevier Science

《生态学报》，中国生态学会主办

《生物多样性》，中国科学院主办

《应用生态学报》，中国生态学会主办

3. 文献检索用工具书

Biological Abstract（BA）

Ecological Abstracts

Current Advances in Ecological Sciences

如果研究方向和需要查询的问题很明确，可利用图书馆的文件检索工具书（如著名的 *Biological Abstracts*）或光盘数据库，通过分类主题、关键词或作者检索等检索方式获得所需资料。还有一种常用且方便的方法是通过研究论文或者书籍后面所附的参考文献获得所需的参考资料；假如你得到了一篇本研究领域近年的综述性文章，通过这种方法，你可能会获得更多有价值的研究论文。如果只能看到文摘而查不到原文，按文摘中提供的通信地址或 E-mail 地址直接向作者索取也是一种好办法。

目前最方便和最受欢迎的检索方法是电子文献检索，但在查找文献全文特别是早期的文献时，很多时候还是要到图书馆，利用传统的手工检索来查阅文献。

（二）电子检索

计算机以其强大的数据处理和存储能力成为当今最为理想的信息检索工具。随着网络的普及和发展，出现了许多方便查询的数据库和网站，在各大高校以及科学院均有可以免费检索的题录数据库，可供查看全文的电子书库、电子杂志也越来越多，电子文献检索已成为广泛使用的文献检索手段。到大学图书馆网站上，点击数据库、电子图书或电子期刊，就能查到许多资料的全文，许多著名大学及中国科学院图书馆都有丰富的电子文献资料收藏。以下推荐几个常用的文献检索数据库：

Elsevier Science（Elsevier 期刊全文数据库）

Kluwer Online（Kluwer Acdemic Publisher 期刊全文数据库）

Academic Press 电子期刊

BioOne（全文数据库，生物学、生态学、环境科学的期刊）

Science Direct（全文数据库，包括 2 500 多种自 1998 年以来的期刊全文）

OCLC（联网计算机图书馆中心，通过 OCLC 的 FirstSearch 检索系统可查阅 70 多个数据库，覆盖社会生活的各个领域和学科）

维普中文科技期刊全文数据库

中国学术期刊全文数据库

万方数据库

除了直接到数据库中按照计算机提示用关键词、作者名等检索方式检索文献外，灵活运用综合类搜索引擎也常常会有意想不到的收获，有时甚至可查到全文。如国外一些著名的实验室或学者把自己的论文以 PDF 格式放在主页上供人免费下载或登录索取，只要知道该学者或实验室的名字，用综合类搜索引擎搜索可很方便地找到其主页。常用的综合类搜索引擎有必应和百度。百度还专门为科学研究人员查阅文献设置了一个搜索引擎——百度学术，通过关键词可直接查到论文而不是包含该关键词的网站或网页。

三、练习

根据学校和专业特点选择一个主题让学生查文献并写一个综述性报告。如查与"麻雀种群数量及其影响因素"有关的文献，并完成报告"影响麻雀种群数量变动的因素"。

第二节 | 生态学实验设计

生态学研究同其他自然科学研究一样，包含下列过程：提出科学问题，确定研究内容，设计实验，选定采样过程，获得代表性样本，观测样本得到数据，有目的地分析数据，解释数据，取得结论，报告自己的发现与结果。其中，围绕要解决的科学问题，设计一个完善的、切实可行的实验方案是保证顺利地完成科研任务的关键，下面介绍如何进行实验设计。

一、实验设计的原则

实验设计是科学研究计划内关于研究方法与步骤的一项内容，是实验过程的依据、实验数据分析处理的前提，也是提高科研成果质量的重要保证之一。如果实验设计存在着缺陷，就可能造成不应有的浪费，且足以减损研究结果的价值。进行实验设计应根据实验目的，结合统计学要求，针对实验的全过程及实际操作时的工作量和可行性做全面考虑。一个周密而完善的实验设计，应能合理安排各种实验因素，严格控制实验误差，用较少的人力、物力和时间，最大限度地获得丰富而可靠的资料。实验设计既要考虑专业方面的问题，如需要根据研究对象自身的生物学特性及其环境要素合理安排实验进程；也要考虑对实验数据的统计分析方面的内容，如样本量、对照、重复、随机化等问题。生态学实验往往包含众多变量，实验场所、研究尺度和内容变化很大，但实验设计一般应遵循的原则可概括如下：

（一）自变量、因变量的确立及充足的样本量

生态学实验包含生物因素和非生物的环境因素等诸多因素，而且可能很多因素都会对实验结果产生影响。这时应根据实验目的，首先确定自变量和因变量。如想了解鲤鱼在什么环境条件下生长比较快，可以假定很多因素，如水温、水质、食物品质、密度、鲤鱼自身的年龄和体重等可能都会影响到其生长。要想得到较为准确的结论，就要在实验室控制条件下设计一系列实验来进行观测。例如，要想知道水温如何影响生长，可把水温定为自变量、生长定为因变量进行观测。这时要注意遵循单因子变量原则，即控制其他因素不变（各实验组密度、鱼体重、食物、水质等都相同），只改变自变量（各实验组水温不同），观察其对实验结果（实验组鱼的生长）的影响。在整个实验过程中，除了处理实验因素（水温）外，其他实验条件必须前后一致，且各实验组相同。

由于生物个体之间存在差异，为了使获得的数据具有代表性，应在研究条件许可的范围内尽可能多地获取观测样本。一般严格实验室控制条件下的生理生态学实验，观测样本数不少于 10 个，野外种群的研究则需要根据可能的种群大小确定观测样本数，往往需要几十、上百甚至上千个观测样本。野外生态学调查时取多少样（多少取样点、多大取样面积、昆虫网捕多少次等）合适，没有特定的规则，但有一些方法可帮助我们判定采样数是否足够，如常用的物种 – 样本数曲线法。有关方法将在"生态学野外调查与采样"一节中介绍。观测样本数过少容易造成很大的实验误差或偏差，从而导致错误的结论。

（二）随机取样，设定对照组，注意平行重复，尽量减小系统误差和实验误差

在取样时，要做到把拟观测对象全部取样（如一个样地中的所有动物）往往是不可能的，只能从其中抽出一些样本（统计样本）来进行观测，这时的取样应遵循随机化原则，即被研究的样本是从总体中任意抽取的，任何样本被抽测的机会完全相等。这样做的意义一是可以消除或减小系统误差，使显著性测验有意义；二是平衡各种条件，避免实验结果的偏差。

在实验设计中，通常要设置对照组，用来鉴别实验中处理因素与非处理因素的差异，并消除或减小实验误差。例如，要判定吃糖对血糖含量的影响，不仅要设计不同吃糖量的处理，还要设计一组不吃糖的作为对照，同样取血检测血糖含量。这是因为取血样这一实验操作过程本身可能会对血糖水平造成影响，设立这样一个对照组并将实验组结果与对照组比较，有助于消除实验操作等造成的误差。实验设计中可采用的对照方法很多，如阴性对照、阳性对照、标准对照、自身对照、相互对照等。通常采用空白对照的原则，即不给对照组以任何处理因素。值得强调的是，不给对照组任何处理因素是相对实验组而言的，实际上对对照组还是要做一定的处理，只是不加实验组的处理因素。总之，对照组和实验组的非处理因素要基本一致，即均衡可比。

根据实验目的，实验设计中确定实验组后，通常还要在一个实验组内设定几个平行组，即平行重复原则，目的是在同样条件下重复实验，观察其对实验结果影响的程度。如观测取食不同饲料对鲤鱼生长的影响，首先要设定投喂不同饲料的实验组，但在投喂同一种饲料的实验组内，还要设定几个平行重复组，看这些组间的数据是否相似。任何实验都必须能够重复，这是具有科学性的标志。上述随机性原则要求随机抽取样本，虽然能够在相当大的程度上抵消非处理因素所造成的偏差，但不能消除其全部影响。平行重复的原则就是为解决这个问题而提出的。概括起来，实验设计中应遵循的 4 个基本原则是：随机、对照、重复和均衡。

二、实验设计的基本内容与实例

实验设计包括研究目的、观测变量指标、研究方法与步骤的确定以及实验时间安排和经费预算等。下面以杜丽和牛翠娟（2002）所做的一项研究的实验设计为例，说明实验设计的具体内容。

1. 实验目的

探讨不同蛋白水平的饲料对罗氏沼虾生长和能量收支的影响，以寻找适宜罗氏沼虾生长并可节省能量与饲料成本的饲料蛋白水平。

2. 提出假设（hypotheses）

在进行实验设计前，应根据实验目的对自己的研究做一个简洁的、可观测的假设结论，通过设计实验来验证自己的假设，得出明确的结论。假设应该可被自己的研究结果支持（support）或推翻（reject）。通过阅读大量已发表的相关文献，本例中所做的假设为：饲料蛋白水平确实影响罗氏沼虾的生长和能量收支；低蛋白饲料罗氏沼虾摄食少，生长慢，但能量消耗小；在一定范围内随饲料蛋白水平增加，生长加快，到一定蛋白水平罗氏沼虾生长不再随饲料蛋白水平增加而变化，能量消耗增加。

3. 确定观测变量指标

该项实验中的自变量是饲料蛋白水平，因变量根据实验目的，确定观测指标为生长量和能量收支各组分（摄食、生长、能量代谢、排泄、排粪的能量）。一般来说，要根据研究目的和任务，选择对说明实验结论最有意义并具有一定特异性、灵敏性、客观性的指标进行观测。必要的指标不可遗漏，数据资料应当完整无缺；而无关紧要的项目就不必设立，以免耗费人力物力，拖延整个实验时间。

4. 实验前的准备工作

由于该实验要用实验饲料饲育罗氏沼虾进行实验，本着单因子变量原则，除作为实验处理的饲料蛋白水平外，其他可能影响到实验结果的因素，如水温、光照、水质、投喂次数、虾的大小和品质等都要保持一定，且这些因子最好选择适宜于虾生长的条件，以有利于实验结果的获取。因此，在实验方案形成前应查文献确定罗氏沼虾生长的适宜水温、水质等条件，并确定实验动物的来源。一般实验动物应来源相同（最好是来自相同父母以消除遗传误差）、健康、数量略多于实际需要量，在该例中还要大小相似。另外，还要根据文献确定检测每项实验指标的实验操作方法，了解需要的仪器设备及药品。最好做一下预实验或请教相关专家了解实验过程的工作量，并熟悉实验操作技术等。

5. 实验方案

确定罗氏沼虾饲育基础饲料，饲育环境为全自动水循环流水饲育系统（系统内所有饲育水槽水质完全一致），水温 28℃，光暗比 12 L（光照）∶12 D（黑暗），实验动物选用同一孵化厂的同一批幼虾，随机选取的健康个体，实验开始前在实验温度、水质等环境条件下用基础饲料驯化饲育两周以上。根据实验室研究条件和实验时的工作量，设定 1 个对照组（吃基础饲料）和 4 个实验处理组（不同蛋白水平饲料），每组内设 8 个平行组，每个平行组随机选取 10 只动物。实验时间为 8 周。

在进行实验观测时，可按照观察项目之间的逻辑关系与顺序，编制便于填写和统计的数据记录表，以便随时记录实验过程中获得的数据资料。表中指标应有明确的定义，必须标明度量单位，且一般采用国际单位制单位。实例中观测生长量的数据记录表如表 1-1 所示。

表 1-1　蛋白水平 - 生长实验观测记录表

日期：

观测人：

说明（在实验过程中如发生异常，如动物死亡、操作有误等记在此栏）：

蛋白水平	初始体重 /g	终末体重 /g	增长量 /g	特殊增长率 / （% · d^{-1}）	生长能 / （J · d^{-1}）
20-1					
20-2					
20-3					
20-4					
20-5					
20-6					
20-7					
20-8					
30-1					
30-2					
30-3					
30-4					
30-5					
30-6					
30-7					
30-8					

注：第一列 "-" 前的数字代表实验组饲料蛋白水平 /%，"-" 后数字代表平行组（因表格较大，表中仅列出了两个实验组，省略了其他实验组记录）。

拟定对观测数据分析整理的预案，即准备对获得的数据资料如何进行整理、要计算哪些统计指标、用什么统计分析方法等事先必须有个初步的设想。实例中因为样本体重差异不大，拟采用单因素方差分析统计分析数据。

实验设计中，通常时需要做经费预算，即根据所用实验材料、药品、设施、时间等对研究经费做大致预算。

三、练习

根据实验室现拥有的实验设备、药品、实验动物、空间和实验允许时间，设计一个实验，观测某种环境因子（如温度）对动物（如金鱼或小鼠）某项反应（如摄食量）的影响。

第三节 | 生态学野外调查与采样

研究生物与其环境之间相互关系的生态学，其研究方法一般可分为野外研究、实验研究和理论研究（利用数学模型模拟研究）三大类。野外调查和研究是生态学研究的基础，是第一性的。鉴于生物与野外生境的多样性、复杂性，针对不同的研究目的、研究对象有多种多样的具体方法，本节介绍其中一些具有共性的基础知识。

一、生态学野外调查与采样准备

野外环境复杂多变，且往往生活、工作不方便，因此出野外前一定要做好精心的准备。准备工作大致可分为自身安全、生活的准备和采样的准备。出去采样，首先要安排好衣食住行，如当地没有食宿设施，就要带好充足的水、食物、睡袋、御寒（防暑）的衣物或用品、一些野外常用药品（跌打损伤、腹泻、感冒、消炎类药及防蛇、防虫等的药物）、绷带、绑腿及手电筒等。总之，保护好自身的安全和健康是第一位的。调查、采样的准备首先要根据研究目的和采样环境的特点拟定一个切实可行的研究方案，类似于前面提到的实验设计。进行这些设计前，应预先根据研究目的把采样地点和生物的背景资料了解清楚，确定好采样时间（昼夜、季节都要考虑）、地点范围、采样方式，然后把方法、步骤、所需仪器和物品、时间安排等计划好，认真准备要带的仪器、物品，保证其一切完好，能正常使用。需要电池的电子仪器备好备用电池。生态学野外调查、采样通常所备的设备、物品如下：

（1）陆地生境：温度计、照度计、湿度计、海拔高度计、坡度计和风速计等环境因子测量用仪器；罗盘、GPS、大比例尺地形图等定位工具；望远镜、录音机、照相机、摄像机、测绳、钢卷尺、皮尺、动植物分类检索用书籍、记录本、笔、观测记录表格纸和方格绘图纸等观测、记录用工具；样方绳、样方圈、标本夹、标签、标本袋、标本瓶、液氮、酒精或福尔马林溶液、手铲、枝剪、小刀、特殊黏合器、昆虫网、诱捕器和圈套等采样试剂与工具。

（2）水域生境：温度计、水色测定仪、塞氏盘、pH计、溶氧仪、刻度绳（测水深）、盐度计和流速计等环境因子测量用仪器；观测、记录用工具类似陆地生境。不过，由于采水或水生生物样品时容易浸湿标签或记录纸造成字迹模糊，记录最好用油性笔或铅笔，在记录本或标签外套上塑料密封袋。准备吸水纸和纱布，用于吸水。有条件的地方带上解剖镜和显微镜，以方便观测。有时需要潜水及水下观测用工具；准备采泥器、浮游生物网、渔网、筛、毛笔等采样工具及塑料袋、标本瓶、液氮、酒精或福尔马林溶液等。

野外调查、采样用记录表格应根据研究目的和采样方式编制，一般应包括时间、地点、采样人、环境各因素的记录及观测生物因素记录。

二、生态学野外调查与采样方法

在野外调查、采样过程中，我们一般希望得到尽可能多的有关环境、种群或群落特点的数据，以对所要了解的生态现象做出合理的解释。最基本的观测参数有密度、频度、盖度、生物量等，从这些数据我们可以得出有关种群分布、物种多样性、生产力等重要数据。要获得这些基本参数，针对不同的生物有不同的观测方法。有些生物可测绝对密度（直接计数，如计数样方内树木），有些仅能通过观测相对密度来间接反映数量的多少（如100个鼠夹每天捕鼠的数量）。要观测一个种群"量"的多少，通常情况下我们无法对种群内每个生物个体全部计数，所能观测到的仅是种群的一部分，这样的观测样本的获取要遵循随机化原则，是统计样本，所有的用来代表实际种群的样本构成一个统计种群。我们用统计种群的观测数据来推测实际种群的情况并得出结论，如何缩小取样造成的偏差就成了必须要关心的一个实际问题。为此人们发明了多种取样方法。如调查植物生物群落常用样方法（数量、面积、质量样方）：样线法、无样地取样法；动物种群调查常用样方法：线样带法、总体计数法、样地轰赶法、标记重捕法、去除法和指数标定法。下面对样方法这一生态学野外研究最基本的方法作一详细介绍。标记重捕法是动物种群生态学野外研究的重要手段，本书将在种群生态学部分实验3.1介绍该方法。另外，DNA条形码技术在生态学研究中的应用也越来越广泛，有关野外DNA材料的采集与分析的内容请参见本书实验4.3。

（一）取样数量的确定

多数生态取样是通过随机抽取的样方的生物密度来估测真实种群或群落的生物密度，因此不可避免地遇到这样的问题，抽取多少样才能较好地反映真实结果呢？目前群落调查常用的判断取样数量的方法有两种，即种－样本曲线法（species-sample curve）和特性曲线法（performance curve）。

种－样本曲线法是以采样的统计样本数（如用样方取一次样或用渔网捕捞一次为一个样本）为横坐标，以采样过程中累计出现的物种数为纵坐标作曲线图来判定取样数量的一种方法。开始时，随着采样次数的增多，样品中新物种不断出现，曲线呈上升趋势，但采样次数达到一定值，样品中已包含了所调查群落中大部分物种时，新物种就很少在新采的样品中出现，曲线趋向平坦，以曲线转折点上横坐标的采样次数作为群落采样调查最少取样次数的根据。陆地生物群落调查一般以一定面积的样方进行采样，以累计取样面积代替统计样本数为横坐标作曲线，这样的种－样本曲线称为种－面积曲线，如图1-1所示（数据列于表1-2中）。

表1-2中，最左边一列数据表示用5 m² 样方采样的数量，或称统计样本数。在第一个样方中出现了3个种，第二个样方中出现了4个种，但只有2个种是新出现的，所以累计新种数为5。以左起第2列数据为横坐标、最右边1列数据为纵坐标作图，即得到图1-1所示的种－面积曲线。如果以左起第1列数据为横坐标、最右边一列数据为纵坐标作图，得出的曲线即为种－样本曲线。采用该法不但可以判定取样的重复次数（number of replicates），还可大致确定样方面积大小是否合适。如果曲线过陡，经极少几个点就到了转折点，表明采样用的样方面积偏大，反之偏小。一般草本群落调查最初采用10 cm × 10 cm 的样方，灌木群落采样用10 m² 的样方，森林群落调查则用100 m² 的样方。大型土壤动物调查通常采取0.1 m² 面积内的动物，并设定一定深度，水生底栖动物则通常采用圆形样方取样，取一定圆柱体积内的生物。

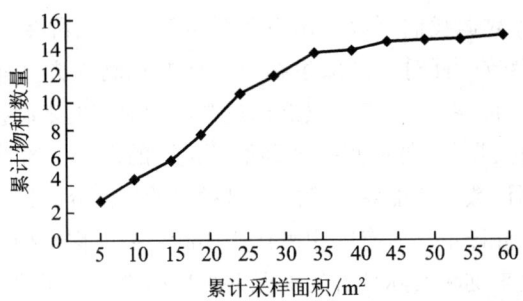

图1-1　种－面积曲线（图中数据来自表1-2）

表1-2　样方采样累计面积及出现物种数据（每一生态样本来自5 m² 样方）

采样次数	累计采样面积 /m²	物种数	新种数	累计新种数
1	5	3	3	3
2	10	4	2	5
3	15	5	1	6
4	20	3	2	8
5	25	4	3	11
6	30	4	1	12
7	35	4	2	14
8	40	3	0	14
9	45	5	1	15
10	50	4	0	15
11	55	3	0	15
12	60	5	0	15

特性曲线法是通过判断某一生态变量的平均值（如某一种群或群落中所有种群的平均密度、平均生物量）随取样数或累计取样面积的变化曲线来判定采样数是否合适的一种方法，如图 1-2 所示（数据列于表 1-3 中）。

如图 1-2 和表 1-3 所示，采样数量少时，表中最右边一列数据波动较大，表现为图中曲线上下波动，但是随采样数的增多，每样累积平均生物量逐渐稳定在一个数值，曲线逐渐接近直线，这时的采样数就是合理的采样数了。

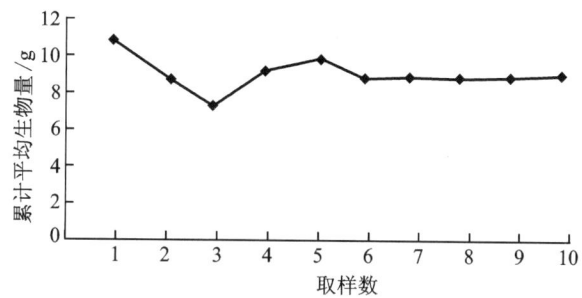

图 1-2　特性曲线图（图中数据来自表 1-3）

表 1-3　样方累积平均生物量数据

采样次数	生物量 /g	每样累积平均生物量 /g
1	10.9	10.9
2	6.7	8.8
3	4.9	7.5
4	14.7	9.3
5	12.3	9.9
6	3.9	8.9
7	11.7	9.3
8	7.7	9.1
9	7.3	8.9
10	10.9	9.1

如果是采样估计种群密度，取多少样合适呢？Henderson（2003）介绍了一个较为方便的计算公式。在正式采样前，先随机预采一些样或借助文献资料（如果以前的研究报道能提供一些该调查地点的信息的话），在一个生境相对均一、对象生物呈正态分布的情况下，可采用下列公式计算采样数：

$$n = \frac{t^2 s^2}{(D\bar{x})^2}$$

式中：$\bar{x}$——预先采样过程中得知的每次取样样本中的个体平均数；

s^2——方差；

D——预期平均数的准确度（如要使研究结果在平均值 ±5% 的范围内，则 $D=0.05$）；

t——从统计表上读取的数字，一般在样本数大于 10、显著性水平 $\alpha=0.05$ 的情况下约等于 2。

（二）样方取样方法

样方法是多种生物研究野外取样时常用的基本方法。样方通常为方形，但也可采用圆形或其他形状的样地。取样时根据研究目的采取样方内的所有目标生物。在研究土壤生物和水生生物时则通常采集一定体积内的所有目标生物。样方法一般用于采集植物或固着、少动型动物，用来采集植物时用 2∶1（长∶宽）的矩形样方较好。

样方面积和取样次数遵循一些惯用标准，根据上述种 – 样本曲线法等来调整。设置样方位置时一定要遵循随机性原则，样方位置设定好后，即可根据研究目的采集或观测样方内的生物，进行分类、计数、测生物量等。根据不同的工作性质，可将样方分为记名样方、面积样方、质量样方和永久样方。动物样品多采用计数法统计密度，植物样品一般采用生物量或盖度表示数量多少。

三、练习

利用样方法在一片树林或草地上取样，采用不同面积样方绘制种 – 面积曲线或特性曲线，并对所采样的生物群落进行特征分析（优势种、物种多样性等）。

第四节 | 生态学实验数据处理与分析

由于生态学研究中所观测的样品都是实际生物种群或群落中的一部分，要想通过这些观测数据做出预测和推论，必须使用统计学方法。生物统计学方法使生态学家能够通过分析观测随机抽取的样品数据，来定量描述或概括生物种群或群落的一些特性，从而得出结论，并有目的地分析评估一些数据之间的异同和关联性（如通过分析一些数据，判定两个种群之间的关系或两个群落的相似性）。数学生态学家在对数据分析、整理的基础上，通过建立各种模型，对生物种群或群落未来的变化趋势作出预测。随着生态学向宏观、微观方向的深入发展，实验数据分析需要用到的数学、统计学、信息学知识也日益增多。本节仅介绍一些最基本的用于生态学实验数据分析的统计学方法。这些统计学方法的具体运算基本都可使用相应的计算机软件，如 Statistica、SAS、SPSS 统计分析软件，Excel、Origin等软件也可进行简单的统计学数据分析。

一、原始数据的初步整理

生态学实验数据通常数据量大，形式复杂，对于取得的原始数据，首先应进行分类，把数值变量、类别变量等区分开，然后利用柱形图、散点图等初步判断数据的分布情况。如果数据分布图大致呈两边对称的钟形，说明数据符合正态分布（normal distribution）。这一点对生态学家很重要，因为大部分统计运算都是以假定数据呈正态分布为前提的。如要比较两组数据平均数的大小，必须首先确认两组数据都呈正态分布，而且偏差相等。许多生物学数据如生理生态学研究中用得较多的生理指标（如体长、体重、高度、心率等）都符合正态分布，而生态学野外研究中取得的许多数据（如个体的空间分布、行为学记录数据等）则往往不符合正态分布。从经验和理论上，下面一些类型的生态学数据通常不符合正态分布：

（1）比例或百分数据：如所占面积比例、土壤含水率等。

（2）计数得到的数据：如单位面积内的植株数、每毫升水中含微藻的数量。

（3）在非线性尺度上测得的数据：如 pH、灭绝系数等。

因此，在进行数据的统计分析前，首先要判断其是否符合正态分布。可用 SPSS 软件中的 Kolmogorov-Smirnov test 来检验。如果数据不符合正态分布，可根据数据特性先将其进行简单的转换，如对测量分布密度的计数数据常做对数、方根转换，比率数据一般做角度（反正弦等）转换，再看其是否符合正态分布。如果仍不符合正态分布，则不能用通常的参数检验方法，而要用非参数检验法（nonparametric test）进行统计分析。下面介绍一些常用的数据符合正态分布的简单统计学方法。

二、描述统计

对种群或群落某项特性的观测结果称为参数（parameter）。由于我们无法取得整个种群或群落的所有数据，只能根据所抽取到的样本数据对整体数据进行统计学估测，这样的估测结果为描述统计（descriptive statistics）。

（一）平均值

平均值是对一组数据中心位置的描述，是非常有用的一个统计量。例如，用样方法观测一个种群的密度，得到 10 个样方的观测值分别为 5、3、7、2、9、3、4、1、5、6 个 /m²，则平均种群密度为（5+3+7+2+9+3+4+1+5+6）/10=4.5 个 /m²。同样，还可以通过求平均数来得到某个种群个体的平均质量、树木的平均高度等。通过两组数据平均数的比较，还能判断两组之间特性参数的相对大小。如分别在两块样地上采样计算种群密度，通过平均数的比较，可得知这块地上的种群密度比另一块地高还是低。只要采样时随机采样，抽取的样本数量足够多，得到的平均数就可很好地估计种群该参数平均值。平均数有很多种，如算术平均数、中数、几何平均数等，我们通常用到的为算术平均数。一个种群所有个体的平均值通常用希腊字母 μ 表示，而我们对抽样样本数据进行计算得到的平均数称为样本平均值（sample mean），常用 $\bar{x}$ 表示，计算式为：

$$\bar{x} = \frac{1}{n}(x_1 + x_2 + \cdots + x_n) \text{ 或 } \bar{x} = \frac{1}{n}\sum_{i=1}^{n} x_i$$

（二）误差的估测与数据表示

准确度（accuracy）和精度（precision）是两个易混淆的词，一定要注意这两个词的区别。准确度指的是测量值与真实值的接近程度，其与真实值之间的差为误差。精度指的是对同一样本进行几次重复测量，测量值之间的差别。在用平均数作为样本的代表数值时，其代表性的强弱受样本资料中各观测值变异程度的影响。如算术平均值仅告诉我们一组数据的平均大小，却无法反映该组数据偏离平均值的程度，即分散程度。如两组数 1、6、11、16、21 和 10、11、11、11、12 的平均值虽然相同，但数的分散程度不同。仅用平均数对一个研究对象的特征进行统计描述不全面。因此，研究中在用抽样样本的观测值推测平均数时，还要估算该组观测值对于平均值的分散程度，并给出真实值的置信区间。生态学研究中常用的描述数据变异程度的统计量有标准差（standard deviation，SD）和变异系数（coefficient of variation，CV）。两者的计算公式分别为：

$$s = \sqrt{\frac{\sum (x-\bar{x})^2}{n-1}}$$

$$CV = \frac{s}{\bar{x}}$$

s 为标准差（SD），$n-1$ 为自由度，$x-\bar{x}$ 为样本距平均数的离差。

变异系数可以消除单位和（或）平均数不同对两个或多个观测变量变异程度比较的影响。

尽管我们可以通过计算样本平均数来估算某个观测变量（如种群个体的体重）的平均值，我们可能想了解这样取样后样本平均值的精确性好不好，可以理解为从一个种群中多次抽样后根据多组样本计算的样本平均数的变异有多大。这些样本平均数的变异可用标准误差（standard error，SE）来表示。标准误差也称为平均值的标准差（standard deviation of the mean，$s_{\bar{x}}$）。

$$SE = \frac{s}{\sqrt{n}}$$

利用标准误差，我们可很方便地写出所观测变量在某一检验水平 α 上的置信区间。表示在该检验水平上，观测变量未知的总体均数在该区间范围内的可信度为 $1-\alpha$。该置信区间称为平均数的（$1-\alpha$）置信区间，表示为：

$$\left(\bar{x} - t_{\alpha,f} \times \frac{s}{\sqrt{n}}, \ \bar{x} + t_{\alpha,f} \times \frac{s}{\sqrt{n}} \right)$$

式中：$t_{\alpha,f}$——在检验水平为 α、自由度为 f 时，查 t 值表得到的 t 值。

例如，通过抽样观测，得到某树林中 50 个树木抽样样本的平均树高 $\bar{x}$ 及标准误差 $\frac{s}{\sqrt{n}}$，设定检验水平为 0.05，查 t 值表得知 $t_{0.05,\,49}$ 为 2.01，则认为该树林树木平均树高在 $\left(\bar{x} - 2.01 \times \frac{s}{\sqrt{n}}, \ \bar{x} + 2.01 \times \frac{s}{\sqrt{n}} \right)$ 范围内有 95% 的正确性。

生态学实验数据常常以 $\bar{x} \pm t_{\alpha,f} \times \frac{s}{\sqrt{n}}$ 的形式表示，对独立随机抽取的单组样本（样本内没有平行重复）的均值，也可用 $\bar{x} \pm s$ 表示数据。不论用哪种表示方式，都应明确注明 $\bar{x} \pm$ 后面一栏的数字是标准误差 SE 还是标准差 s（SD）。

三、平均数的比较

生态学研究中常需要通过比较不同实验组数据之间的相似性或差异来得出结论。如通过比较生长在不同土壤中的同一种庄稼的产量，得出某一种土壤比另一种更适合庄稼生长的结论。两个实验组之间平均数的比较常用 t 检验（t-test），多个实验组之间平均数的比较则常先用单因素方差分析（one way ANOVA）进行 F 检验（F-test），如果整体有差异，再通过 Duncan 法等进行实验组两两之间的多重比较。

（一）t 检验

t 检验用于两样本均数的比较。生态学上常用的是样本均数与总体均数比较的 t 检验和成组设计两样本均数比较的 t 检验。

样本均数与总体均数比较的 t 检验实际上是推断该样本来自的总体均数 μ 与已知的某一总体均数 μ_0（常为理论值或标准值）有无差别。如根据大量观测结果已公认某种动物的性成熟年龄一般为 13 年，而在某一地区抽样调查时抽样 30 次发现动物的平均性成熟年龄为 10 年，标准误差为 0.8，那么能否得出该种动物在这个地区性成熟提前的结论呢？该地区抽样均数与总体均数不等既可能是抽样误差所致，也有可能是该地区某种环境因素的影响所致。为此，用 t 检验进行判断。首先建立假设，设定样本均数等于总体均数为 H_0（$\mu=\mu_0=10$ 年），不等为 H_1（$\mu<\mu_0$），检验水准为单侧 0.05。然后通过计算 t 值来检验两个均数是否差异显著。t 值为样本均数与总体均数差值的绝对值除以标准误差。然后以自由度 $f=n-1$ 查 t 值表（该例中为单尾 t 检验）。如果结果为 $P>0.05$，则接受 H_0，反之则接受 H_1。通常在研究中认为 $P>0.05$ 为没有差异，$0.01>P>0.05$ 为差异显著，$P<0.01$ 为差异极显著。

成组设计两样本均数比较的 t 检验，目的是推断两组统计样本分别代表的总体均数是否相等。其检验过程与上述 t 检验没有大的差别，只是假设的表达和 t 值的计算公式不同。

两样本均数比较的 t 检验，其假设一般为：H_0（$\mu_1=\mu_2$），即两样本来自的总体均数相等；H_1（$\mu_1>\mu_2$）或（$\mu_1<\mu_2$，即两样本来自的总体均数不相等，检验水准为 0.05（双尾 t 检验）。t 统计量在两组样本总体方差相等的情况下，计算时用两样本均数差值的绝对值除以两样本均数差值的标准误差。计算公式为：

$$t = \frac{|\bar{x}_1 - \bar{x}_2|}{s_{\bar{x}_1 - \bar{x}_2}}$$

其中

$$s_{\bar{x}_1 - \bar{x}_2} = \sqrt{\frac{s_p^2}{n_1} + \frac{s_p^2}{n_2}}$$

$$s_p^2 = \frac{SS_1 + SS_2}{f_1 + f_2}$$

式中：SS_1，SS_2——分别为两组样本离均差的平方和；

f_1，f_2——分别为两组统计样本的自由度。

应注意两组小样本均数比较的 t 检验的应用条件为：两样本来自的总体均符合正态分

布；两样本来自的总体方差齐。故在进行两小样本均数比较的 t 检验之前，要用方差齐性检验来推断两样本代表的总体方差是否相等，方差齐性检验使用 F 检验，其原理是看较大样本方差与较小样本方差的商是否接近 1，若接近 1，则可认为两样本代表的总体方差齐。判断两样本来自的总体是否符合正态分布，可用正态性检验的方法。

若两样本来自的总体不符合正态分布，或方差不齐，应该用别的检验方法，具体方法请参考相关生物统计学书籍。

（二）方差分析

方差分析（analysis of variance，ANOVA）又称为 F 检验，用来比较多组实验数据的总体均数有无差异，包括完全随机设计或成组设计的单因素方差分析和配伍组设计的两因素方差分析。一般我们用到的是单因素方差分析。方差分析的应用条件类似于 t 检验，即：

（1）可比性：各实验组均数本身具有可比性。

（2）正态性：各实验组数据符合正态分布。对非正态分布的数据，应考虑用对数变换、平方根变换、倒数变换、平方根反正弦变换等变量转换方法使其分布呈正态或接近正态，再进行方差分析。

（3）方差齐性：组间方差要整齐，先要进行多个方差的齐性检验（如 Bartlett 法）。

方差分析的基本原理是将全部观测值之间的总变异分解为由于随机误差等原因造成的组内变异和由于外部因素的影响而造成的组间变异。然后通过计算 F 值来进行检验。其检验假设为：H_0，多个样本总体均数相等；H_1，多个样本总体均数不相等或不全等。检验水准为 0.05。F 值是用组间均方（即自由度作为除数去除离均差平方和所得的商）除以组内均方所得的商。用 F 值与 1 相比较，若 F 值接近 1，说明各组均数间的差异没有统计学意义；若 F 值远大于 1，则说明各组均数间的差异有统计学意义。实际应用时，F 值大于特定值的概率可通过查阅 F 界值表（方差分析用）获得。现在常用的统计学软件基本都可进行方差分析。

经过方差分析，若拒绝了检验假设，只能说明多个样本总体均数不相等或不全相等。若要得到各组均数间更详细的信息，应在方差分析的基础上进行多个样本均数的两两比较。两两比较的方法很多，最常用的有 Duncan 法（新复极差法）和最小显著差法（LSD 法）等。

观测的重复样本间互相独立是方差分析 ANOVA 中的一个基本假定。然而在很多场合，生态学研究者会对同一个体、同一实验单元或同一取样地点进行重复测量，如观测同一只动物随时间变化体重、摄食、行为或其他生理指标的变化等，这时就必须用重复测量分析（repeated-measures analysis）方法，而不能用普通的 ANOVA 分析。

（三）非参数检验

上述的检验方法都要求数据呈正态分布或方差齐。而生态学研究中采集的数据很多是非正态分布的，这时可用非参数检验（nonparametric test）的方法。最常见的用于两组实验数据比较的非参数检验法是 Mann-Whitney 检验（或称为 Wilcoxon-Mann-Whitney 检验）。如果要比较的是非正态分布的多个实验组，用 Mann-Whitney 检验就不准确了，应该用非参数相似性分析（Kruskal-Wallis test），再进行非参数多重比较。详细方法及其原理可参照《生物统计分析》（Zar，1984）或《生态学实践方法》（Henderson，2003）。

四、回归和相关

回归和相关（regression and correlation）是用来分析两组或两组以上实验数据之间相关关系的两种常用的统计学方法。生态学研究中经常会遇到两个不同变量密切关联的情况，一个变量发生变化，另一个也会发生相应的变化，如树木的年龄与树干的直径、鱼的体长与体重、摄食量与增重等。变量间的关系有两类，一类变量间存在着完全确定性的关系，可以用精确的数学表达式来表示。如正方形的面积（S）与边长（a）的关系可以表达为：$S=a^2$。它们之间关系明确，只要知道了其中一个变量的值，就可以精确地计算出另一个变量的值。这类关系称为函数关系。另一类变量间不存在完全的确定性关系，不能由一个或几个变量的值精确地求出另一个变量的值，但变量之间又密切关联，这类关系称为相关关系，存在相关关系的变量称为相关变量。

相关变量间的关系一般分两种：因果关系和平行关系。前者指一个变量的变化受另一个或另几个变量的影响，如鱼的生长速度受温度、水质、遗传特性、营养水平等因素的影响；后者变量之间互为因果或共同受到其他因素的影响，如鱼类体长和体重、生长和繁殖之间的关系。统计学上采用回归分析（regression analysis）研究呈因果关系的相关变量间的关系。表示原因的变量称为自变量，表示结果的变量称为因变量。研究"一因一果"，即一个自变量与一个因变量的回归分析称为一元回归分析；研究"多因一果"，即多个自变量与一个因变量的回归分析称为多元回归分析。一元回归分析又分为直线回归分析与曲线回归分析两种；多元回归分析又分为多元线性回归分析与多元非线性回归分析两种。回归分析的任务是揭示呈因果关系的相关变量间的联系，建立它们之间的回归方程，利用所建立的回归方程，由自变量（原因）来预测、控制因变量（结果）。统计学上采用相关分析（correlation analysis）研究呈平行关系的相关变量之间的关系，对两个变量间的直线关系进行相关分析称为简单相关分析（也称为直线相关分析）；对多个变量进行相关分析时，研究一个变量与多个变量间的线性相关称为复相关分析；研究其余变量保持不变的情况下两个变量间的线性相关称为偏相关分析。应用通常的计算机统计学软件一般都可建立回归方程并进行相关分析。下面简单介绍如何建立一元直线回归方程及如何判定两个变量是否相关。

（一）直线回归方程

假定有两个相关变量 x 和 y，通过实验或调查获得两个变量的 n 对观测值：（x_1，y_1），（x_2，y_2）……（x_n，y_n）。为了直观地看出 x 和 y 间的变化趋势，将每一对观测值在平面直角坐标系描点，作出散点图，如图 1-3 所示。在此基础上根据最小二乘法得出直线回归方程（straight line regression equation）。

从散点图可以看出：①两个变量间有关或无关，若有关，两个变量间的关系类型是直线型还是曲线型；②两个变量间直线关系的性质（是正相关还是负相关）和程度（是相关密切还是不密切）。

因此，散点图直观、定性地表示了两个变量之间的关系。

为了探讨变量之间关系的规律性，还必须根据观测值将变量间的内在关系定量地表达

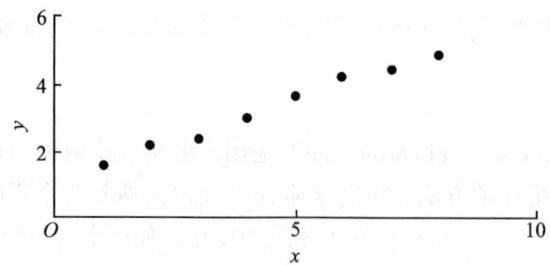

图 1-3　变量 x 与 y 相关关系散点图

出来。图 1-3 中两个相关变量 y（因变量）与 x（自变量）间的关系是直线关系，这种关系可用方程表示为：

$$y = a + bx$$

式中：x——可以观测的一般变量（也可以是可以观测的随机变量）；

　　　y——可以观测的随机变量；

　　　b——直线斜率（slope），表示如 x 变化 1 个单位，y 的变化量（$b>0$，x 与 y 正相关；$b<0$，x 与 y 负相关）；

　　　a——截距（y-intercept），表示 x 为 0 时 y 的数值。

　　这就是直线回归的数学模型。我们可以根据实际观测值估计 a、b 的值，根据最小二乘法求出与实际观测值拟合最好的回归直线，也就是在 xOy 直角坐标平面上所有直线中最接近散点图中全部散点的直线。这时：

$$a = \bar{y} - b\bar{x}$$

$$b = \frac{s_p}{SS_x}$$

$$s_p = \sum_{i=1}^{n} (x_i - \bar{x})(y_i - \bar{y})$$

$$SS_x = \sum_{i=1}^{n} (x_i - \bar{x})^2$$

（二）直线回归的显著性检验

　　若变量 x 和 y 之间并不存在直线关系，但由 n 对观测值（x_i，y_i）也可以根据上面介绍的方法求得一个回归方程：$y = a + bx$。显然，这样的回归方程所反映的两个变量间的直线关系是不真实的。如何判断直线回归方程所反映的两个变量间的直线关系的真实性呢？如果变量 x 和 y 之间存在直线关系，那么由观测值求得的直线斜率 b 应该可以代表 x 和 y 间真实的斜率关系 β，通过检测 b 的有意性，我们就能评价变量 x 和 y 之间是否确实存在直线关系。无效假设 H_0：$\beta=0$；备择假设 H_A：$\beta \neq 0$。利用 t 检验，公式如下：

$$t = \frac{|b|}{s_b}$$

式中：s_b——b 的标准误差，公式为

$$s_b = \sqrt{\frac{s^2}{SS_x}}$$

式中：SS_x——x 的离均差的平方和；

　　s^2——公式为

$$s^2 = \frac{SS_y - \dfrac{s_p^{\,2}}{SS_x}}{n-2}$$

式中：SS_y——y 值的离均差的平方和。

查自由度为 $n-2$、$\alpha=0.05$ 的 t 值，与计算所得 t 值比较，即可判断该直线回归方程是否有统计学意义。根据自由度 $n-2$、$\alpha=0.05$ 的 t 值、s_b 和 b，还可以估计斜率的 95% 置信区间，公式如下：

$$\beta = b \pm ts_b$$

值得注意的是：利用直线回归方程进行预测或控制时，不能随意把研究范围扩大，因为在研究的范围内两变量之间是直线关系，这并不能保证在研究范围之外两者间仍然是直线关系。若需要扩大预测和控制范围，则要有充分的理论依据或进一步的实验依据。利用直线回归方程进行预测或控制，一般只能内插，不要轻易外延。

（三）简单相关关系的检验

检验两个变量间是否相关，在于根据 x、y 的实际观测值，计算表示两个相关变量 x、y 间线性相关程度和性质的统计量——相关系数 r 并进行显著性检验。r 的计算公式如下：

$$r = \frac{s_p}{\sqrt{SS_x SS_y}}$$

相关系数 r 的有意性检验根据是判断真实的相关系数（用希腊字母 ρ 表示）是否不等于 0，ρ 越大，相关性越强，ρ 等于 0 则不相关（无效假设 H_0：$\rho=0$，备择假设 H_A：$\rho \neq 0$）。利用 t 检验，公式如下：

$$t = \frac{|r|}{s_r}$$

$$s_r = \sqrt{\frac{1-r^2}{n-2}}$$

查 t 值表，与自由度为 $n-2$、$\alpha=0.05$ 的 t 值比较，即可判断两个变量是否相关。

（四）广义线性混合模型

描述两个变量间关系的最简单的模型就是我们上面介绍的线性回归，或称普通线性模型（linear model，LM），可呈现为：$y=\beta_0+\beta_1 x+\varepsilon$

普通线性模型表现的是固定效应 + 随机误差，其因变量必须要满足正态性、独立性以及方差齐性。广义线性模型 GLM（generalized linear model，GLM），比如经典的逻辑斯谛模型，是普通线性模型的扩展形式。由于普通线性回归的因变量必须服从正态分布，而实际问题中经常会遇到不符合这一设定的建模，如种群的指数增长和逻辑斯谛增长中的因变量。GLM 采用连接函数（link function），将因变量的分布进行了扩展，使得因变量只要服从指数分布族即可（如正态分布、二项分布、泊松分布、多项分布等）。简单地说，GLM 就是对因变量 y 进行了变换，使得变换后的值适用普通线性回归，比如该模型可呈现为：$\lg(y)=\beta_0+\beta_1 x+\varepsilon$

线性混合模型 LMM（Linear Mixed Model），又称混合线性模型 MLM，是在普通线性模型的基础上，又增加了随机效应。以矩阵表现该模型，可以写成：$y=\beta X+\gamma Z+\varepsilon$，其中因变量 y 服从多元正态分布，β 是固定因子的效应值，γ 是随机因子的效应值，服从多元正态分布。X 是固定效应自变量的设计矩阵（可包括连续性变量和分类变量，甚至可包含交互项或二次项等），Z 为随机效应变量构造的设计矩阵，ε 是残差的向量矩阵。

在使用该模型时应注意区分固定效应（fixed effect）、随机效应（random effect）和随机误差的概念（random error）。模型中固定效应（fixed effect）指的是自变量中可以解释的水平明确的因子，通常是在实验中加以控制的因素，例如组别；而随机效应的因子水平不清晰，在抽样数据集中并不包含该自变量的所有情况，通常是实验中无法控制的因素，例如个体变异；随机误差则指的是实验测量操作中所产生的误差。

混合模型擅长处理纵向数据（重复测量数据）和有缺失的数据，并且往往优于 ANOVA 等方法。

广义线性混合模型 GLMM（generalized linear mixed model），是广义线性模型 GLM 和线性混合模型 LMM 的扩展形式，是目前线性模型范畴内适用范围最宽的模型框架，其因变量既可以非正态，也可以非独立。有关模型的构建原理和使用，可参阅 Sokal 和 Rohlf（2012）所著的 *Biometry* 和 SPSS 统计软件包使用方法。

五、练习

给学生任意两组实验数据（可从生态学研究论文上找数据列表），指导学生运用计算机统计软件进行数据分析。

第五节 | 撰写实验报告和研究论文

一、撰写实验报告

完成一项实验后，如何提交一份高质量的实验报告，是培养锻炼未来从事科学研究，撰写科研论文的重要基础。下面是一个规范的研究报告的模板。

姓名：   实验日期：

实验组：   实验名称：

（以上部分是在最终提交实验报告时作为必要信息留存的。下面是实验报告包含的内容。）

1. 实验目的：不要简单复制实验教材上的说明。认真思索一下，阐明你为什么要做这个实验，通过这个实验设计和操作过程你可以观测到哪些现象，或学到什么？

2. 实验预期：根据自己积累的科学知识，对这项实验可能得到什么样的结果做出预判。写作方式如，如果……，结果会……，因为……。或者如：根据……原理，实验处理……，可预期得到……结果。

3. 实验材料：在这部分要写出你实验中所用到的所有材料（实验药品、器材、生物等），包括来源、数量信息，记录越详细越好。科学实验报告以能使别人根据你的记录做出重复为佳。

4. 实验步骤：详细记录各个实验步骤，应使读者可以根据你的记录以正确的步骤重复出整个实验过程。

5. 数据和结果：详细客观地记录你观测的数据和结果，包括所有观测（几次的重复观测）所记录的原始数据。整理结果时如用到了计算，要写明计算公式。不要在该部分对结果进行带主观因素的分析和描述。

6. 分析和讨论：尝试用学过的知识来解释你实验中所发现的现象和结果的生物学含义，是否与你的实验预期相符合？与你在教科书中学过的哪些理论知识相关联？列举一些实验过程中有可能导致实验误差的原因。

7. 实验结论：将经过统计分析处理并充分讨论分析的结果归纳总结，给出结论。

二、撰写研究论文

生态学研究包括实验设计、采样、观测、分析数据，最后还要把研究结果以论文的形式呈现出来，并在论文中对结果进行深入分析。研究论文的主要目的就是把自己的研究结果记录下来，并讨论其中包含的生态问题或思想。因此，研究论文应该简洁、明确、清楚，便于与别人的工作进行比较和交流。

（一）论文结构

一般来说，研究论文首先要有题目（title）和署名行（byline），在署名行中写上作者及其所属单位，下面依次可以是摘要（abstract or summary）、引言（introduction）、材料和方法（materials and methods）、结果（results）、讨论（discussion）、参考文献（references or literature cited）。摘要有时也写在文章最后。这是研究论文的一般框架。下面分别介绍构成论文的各个部分。

首先，论文的题目要吸引人，让人从题目就能领会到该文章的主要内容和创新点，题目中应基本包含所有关键词。署名作者应是设计和执行实验、对论文有重要贡献的人，作者按对该论文的贡献大小排序。通讯作者是该文的总负责人。所属单位指的是执行论文中所描述的研究工作的实验室。

论文摘要的长度一般为150～300字，应简洁而准确地概括论文所解决的科学问题、主要实验设计和方法、基本结果和结论。摘要不是研究报告的简单缩写，应突出论文重点，使读者仅通过摘要就能对论文内容及其主要贡献有较清楚的了解。

在引言中，作者应说明文章要研究什么问题，为什么要研究这个问题，并对该方面的研究背景作一个简单介绍。在材料和方法部分，应对该项研究中所使用的主要材料及其规格和来源、实验设计和处理、主要方法和步骤作尽可能详细的描述，以便读者据此描述做重复实验。但对于大家熟悉的一些步骤（如怎样配制一种试剂等）或在其他论文中已有详细描述的实验方法，可简略，仅提供读者参考文献即可。生态学野外研究一般要介绍研究地点（study site）的环境特点，如这部分内容较多，还可独立出来，自成一节。

在结果部分，要如实报告自己的观测结果，即使结果与所预期的结果或某个假说相矛盾。结果通常要经过统计分析处理，以图表的形式清楚、形象地呈现出来，而不要简单罗列原始观测数据。在呈现平均数时，通常要写明观测数据的数量，并标上偏差或误差。描述某种经过统计分析发现的规律或趋势时，要说明采用的是何种统计分析方法。图表要清晰、完整、美观，能够用图明确表现的就不用表；每个图表都要按顺序标号，并有图题和表题；图的两个坐标轴要对其所代表数据的性质和单位做完整标注。此外，应对结果进行分析和解释，明确告诉读者从结果中发现了什么。

讨论部分紧接结果部分，也有的作者将这两个部分合在一起。结果部分主要呈现和描述结果，讨论部分则对结果进行深入分析和评价，包括实验过程中的不足或缺陷对结果可能会造成的影响。根据基础理论剖析实验结果的本质及其反映的规律，与他人的相关结果进行比较，从中得出你的结论。如将结果部分比作新闻（news），讨论部分就好像"编者的话"或"社论"（editorial）。注意不要做任何不是基于你的结果的陈述或结论。最后可根据自己的结果提出假设或指出论文中需要继续深入研究的地方。

文章的最后，应对为此项研究提供资金支持和帮助的个人或集体表示感谢（acknowledgment），并在其后的参考文献部分认真列出所参考的文献。不同的杂志对参考文献的格式有不同的要求，应按相应要求列出参考文献。

论文稿件应留出页边，双倍行距打印，每页写上页码，便于审阅和修改。

（二）论文写作中要注意的一些问题

论文写作要简洁、明确、条理清楚，尽量不用长句子，避免重复和啰唆。

专业术语的使用应规范。对所研究的生物不要只用拉丁学名，在文中第一次出现时给出中文名称和拉丁学名，以后仅用中文名称即可。拉丁学名中的属名、种名要用斜体字母，而属以上的分类单元如科、目、纲等则用正体。

一定要对自己的数据进行分析、评价和解释，不要只是罗列结果，更不要有意忽视那些与教科书或别人的报道不一样的结果。如果经过重复实验证明你的实验方法等没有错误，就要相信自己结果的正确性。

不要随意根据自己的期望选择或丢弃数据。任何对数据的主观取舍或修改都是不可取的，可能导致错误结论。更不要捏造或抄袭别人的数据，这是应该遵守的科研道德。

三、练习

找一篇自己感兴趣的著名学术杂志（如 *Nature*、*Science*）上的研究论文，对照本节的介绍，认真分析论文的结构和写作方法。

第六节 | 生态学研究中常用的分子标记技术

随着分子生物学技术的快速发展，其在生态学研究中的应用越来越广，引导生态学向微观领域迅速深入，并形成了一个令人瞩目的新领域——分子生态学。分子生态学运用分子生物学的技术手段和分子进化、群体遗传学、分子系统发生学等领域的理论与分析方法，研究物种分类，种群遗传多样性、种群遗传结构及其变异与分化，生物发生的系统地理学，种间关系与协同进化，以及生态适应的机制、动物行为、物种保护、遗传改良生物生态安全评价、污染评价等各种问题。本节简单介绍一些生态学研究中常用的分子标记技术，分析它们的优缺点及可解决的问题。

分子标记可分为蛋白质标记和 DNA 标记两大类。在蛋白质多态性研究基础上发展起来的分子标记称为蛋白质标记，如同工酶电泳技术，曾经为种群遗传学和进化研究做出了重要贡献。但由于同工酶缺乏充足的遗传变异，技术上也存在一定的局限性，现在已基本被 DNA 标记取代。DNA 分子标记因为可遗传，能提供评估系统发育的信息；数量极多，遍布整个基因组；在多种多样的生物有机体中有许多共同的分子属性，可提供共同的尺度；可区分从共同祖先遗传来的同源性及趋同进化导致的来自不同祖先的相似性等众多优越性，伴随着高通量全基因组测序技术的发展，得到越来越深入、广泛的应用。鉴于本教材是面向本科生的基础实验教材，在此介绍几种经典的、方便一般实验室操作的分子标记技术。

一、同工酶（等位酶）电泳技术

同工酶是指一类底物相似或完全相同的酶蛋白，即催化同一种反应而结构不同的一簇酶。它们可能由等位基因决定，也可能受到非等位基因的控制。前者被称为"等位酶"。由于不同的同工酶形式在相对分子质量和电荷等方面的差异，可以利用凝胶电泳技术将它们分开，用专一的底物和特殊的染料染色，在凝胶柱中呈现同工酶谱，并可以借助光学扫描技术和相应的计算机分析软件进行定量分析。同工酶作为生物基因表达的产物，受到严格的遗传控制。所以人们将同工酶作为物种的遗传标记，进行物种或种群的遗传多样性、亲缘关系分析、种质鉴定等。

酶电泳的方法主要有聚丙烯酰胺凝胶电泳（PAGE）、淀粉凝胶电泳（SGE）、醋酸纤维素凝胶电泳（CAGE）和琼脂糖凝胶电泳（AGE）。其中聚丙烯酰胺凝胶电泳、淀粉凝胶电泳较适合分离蛋白质。图 1-4 为垂直板电泳槽，常用于分辨率较高的 PAGE 法。图 1-5 为水平电泳槽，用于 SGE 法。

因为同工酶是基因表达的产物，受到生物在发育过程中基因表达的时序控制，所以同一生物的不同发育期会表现出不同的同工酶酶谱，同种酶在同一动物不同组织内的表达也不同，所以在研究中要特别强调所取样本的一致性。另外，尽管等位酶的表型与基因型有较好的关联，但它只能反映一部分功能基因（外显子）的情况，而无法表现大部分功能基因和大量非功能基因，使其在应用范围上有一定的局限性。尽管如此，同工酶分子标记以

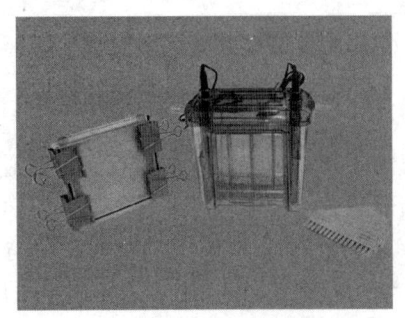

图 1-4 垂直板电泳槽

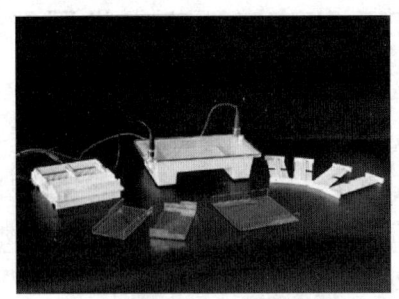

图 1-5 水平电泳槽

其丰富的多样性、共显性表达、重复性强、操作简便等优点，使其仍在种群遗传多样性、分子进化、适应的分子基础、功能基因的克隆等方面起着重要作用。

二、DNA 分子标记技术

DNA 分子标记是指由于 DNA 分子发生缺失、插入、易位、倒位、重排或由于存在长短与排列不一的重复序列等机制而产生的多态性标记。DNA 分子作为遗传信息的载体，不受外界因素、生物个体发育阶段及器官组织差异的影响，而不同的物种所含有的 DNA 分子不同。因而能揭示物种的本质。随着 DNA 分子标记技术迅速发展，相继有数十种不同的分子标记技术问世。DNA 分子的化学稳定性比 RNA、蛋白质、同工酶等高。即使在生物体死亡之后，细胞中的 DNA 也不会像同工酶、蛋白质那样很快失去活性或分解，这样，就突破了蛋白质（包括同工酶）分析需要新鲜材料的限制。同时，随着 DNA 分析和操作技术的不断完善，目前已经可以对微量甚至单细胞中的痕量 DNA 分子进行分析和操作，分析的精确度也不断提高。

目前 DNA 分子标记技术大致可分为三类：第一类技术基础为电泳和分子杂交，如 RFLP（restriction fragment length polymorphism）和 DNA 指纹技术（DNA finger printing）；第二类以电泳和 PCR 为技术核心，如 RAPD（random amplified polymorphism DNA）、SSR（simple sequence repeat，或称 simple sequence length polymorphism，SSLP，或称 sequence-tagged microsatellite site，STMS）和 AFLP（amplified fragment length polymorphism）；第三类分子标记技术以 DNA 序列分析为核心，如线粒体 CO Ⅰ基因、D-loop、核 ITS 基因序列分析等。当然，这种区分不是绝对的，有些分子标记技术是介于第一、二类之间，如微卫星 DNA（microsatellite DNA）既可以作为探针进行分子杂交以测定 DNA 多态性（如 DNA 指纹技术），也可以作为引物进行 PCR 扩增以测定 DNA 多态性（如 SSR 技术）。有些分子标记技术是介于第二、三类之间，如 SCARS（sequence characterized amplified regions）是对特异 RAPD 条带进行克隆并测序，并以此测出序列的末端 14 nt[①] 加上原来 RAPD 所用的 10 nt 的随机引物合成出 24 nt 的寡聚核苷酸为引物，然后用此引物进行 PCR 扩增，以测定基因组 DNA 的多态性。这些分子标记技术各有其优缺点，采用哪类分子标

---

① nt 为 PCR 常用引物长度单位。

记应依据实验目的、实验材料、实验条件等来决定。而且，众多分子标记技术中没有哪种技术是十分完美的，仍须进一步探索可靠性高、重复性好而又简便易行的分子标记技术。

（一）RFLP 与 DNA 指纹技术

RFLP 可称为 DNA 的限制性片段长度多态性分析。其基本原理是用限制性内切核酸酶消化从生物中提取的模板 DNA，使其成为不同长度的 DNA 片段，再用琼脂糖电泳将这些片段分离开，并转移到硝酸纤维素或尼龙膜上。然后用专一序列的标记 DNA 探针在膜上与模板 DNA 杂交，最后用自显影或显色或发光分析显示与探针同源的 DNA 片段。因为限制性内切核酸酶识别专一的碱基序列，因此 DNA 序列的变异会导致酶切点的消失或增加，使限制片段的长度发生变化，从而显示多样性。RFLP 又可分为两类，一类通常以 cDNA 作为探针，限制性内切核酸酶常用 *Eco*R Ⅰ、*Hind* Ⅲ等。这种方法仅产生少数甚至一条杂交带，能够反映的多态性水平较低。另一类主要以重复序列包括串联重复序列（如卫星 DNA、小卫星 DNA 和微卫星 DNA）和散布重复序列（如转座子、逆转座子）为探针进行分子杂交，称为 DNA 指纹（DNA finger printing）。该方法常用 *Hae* Ⅲ、*Hinf* Ⅰ等识别小卫星重复序列的限制性内切核酸酶，可以得到几十条杂交带，多样性特别丰富。RFLP 法已被广泛用于细菌菌株、真菌、植物和动物样本，用来检测病原体、野生动植物群体的遗传结构和多样性等。但此技术需要大量的实验材料来提取 DNA，方能满足酶切后得到明显的谱带要求，而且最初标记探针用放射性同位素如 ^{32}P，具有半衰期短及放射性危害等问题，操作起来难度较大。近年来随着各种技术研究的迅速发展，人们对该技术进行了各种改良，如采用生物素标记、用酶联免疫方法及酶显色、采用发光底物等可以大大提高灵敏度，可达到甚至超过放射性标记的水平。有关模板 DNA 提取、限制性内切核酸酶的使用、琼脂糖电泳和探针标记及检测的细节，请参考郑成木（2003）主编的《植物分子标记原理与方法》。

（二）SSR 技术

SSR 即为简单序列重复，又称为微卫星（microsatellite），是一类由 1~6 个核苷酸（通常为 2~4 个）为重复单位组成的简单串联重复序列，其重复模式、重复次数在物种间、品种间甚至个体间具有非常大的变异性。但在重复序列的两端往往是相对保守的侧翼序列。根据保守的边界序列设计引物，即可通过 PCR 技术，分析串联重复次数的变异性。SSR 高度多态，数量丰富，覆盖整个基因组。在不同个体中，微卫星重复单位数目的变异都很大，造成高度的长度多态性；微卫星标记遵循孟德尔遗传法则，呈共显性遗传，因此能很好地区分纯合子与杂合子；SSR 分布广泛，覆盖整个基因组的编码区和非编码区，每隔 10~50 kb 就存在一个微卫星，非常适合于遗传图谱的构建；而且，微卫星 PCR 扩增所需样本量极少，等位基因与基因型检测方法简便，可以用 PCR 结合凝胶电泳法检测。不过，由于扩增 SSR 产生的片段较小（一般为 100~300 bp），而且其多态性片段差异小，故一般的琼脂糖凝胶电泳难以有效检测。早期的方法是在 PCR 反应体系中将反应底物 dNTPs 中的一种用放射性同位素标记，通过测序胶分离扩增产物，放射自显影检测多态性，后来用高分辨率琼脂糖凝胶检测，或 PAGE 结合银染技术检测 SSR 的多态性，随着高效精确的基因分型自动化技术的发展，现使用基因测序仪，可快捷方便地进行微卫星分析（gene scan）；微卫星技术的难点是基因组中微卫星座位的识别，筛选某物种适宜的微卫星引物通常需要花费大量人力物力。不过，有些种类微卫星引物具有一定的通用性，对于已进行过基因物理图谱或基因组测序的模式生物或已进行过较广泛微卫星研究的生物，则可从基因数据库或相关文献中寻找微卫星引物。近几年，第二代测序技术的普及与发展为微卫星引物筛选提供了更便捷、高效的手段。

微卫星技术现已广泛应用于生物系统地理格局、种群遗传、分子进化、濒危动物保护、动物亲缘关系及个体识别、污染进化等生态学诸多研究领域。其具体操作方法请根据所研究对象生物参考相关文献，或参照杨持（2017）主编的《生态学实验与实习》（第 3版）或 Hoelzel（1998）编著的《种群的分子遗传分析——实践探讨》（*Molecular Genetic Analysis of Populations——A Practical Approach*）（第 2 版）。

（三）AFLP 技术

AFLP（amplified fragment length polymorphism）即为扩增限制性片段长度多态性。如 RFLP 一样，AFLP 标记的多态性也是由限制性内切酶酶切基因组 DNA 产生的。不过其利用 PCR 技术来检测酶切产生的特异片段。AFLP 技术原理如下：使用两种不同的限制性内切酶（一般为 *Eco*R Ⅰ 和 *Mse* Ⅰ）切割基因组 DNA，产生的限制性片段的黏性末端有 3 种不同的组合，通过将不同的限制性片段接上不同的接头（adapter）序列（为已知的寡核苷酸序列），即可作为 PCR 反应的模板。RCR 引物由三部分组成，5′ 端对应于接头序列，中间对应于酶切位点，3′ 端为选择性核苷酸（1~3 个碱基），引物长度一般为 18~20 个碱基。通过调节两种限制性内切酶的用量和 3′ 端选择性核苷酸的数目多少来选择性地扩增，扩增产物利用测序凝胶放射自显影或利用银染方法检测多态性。由于 AFLP 是限制性内切酶与 PCR 相结合的一种技术，因此兼具 RFLP 技术的可靠性与 PCR 技术的高效性。与 RFLP 相比，AFLP 不需要 Southern 转移、分子杂交等步骤，故只需少量 DNA，实验结果稳定可靠，产生多态性条带多，可以提供丰富的信息。近年来，AFLP 已经广泛应用于种质资源研究，遗传图谱的构建，亲缘关系及遗传多样性分析等方面。AFLP 主要的不足是，需要放射性同位素或非放射性的荧光标记或生物素类标记引物，相对比较费时费力。不过，人们开始逐渐在利用不标记引物直接银染的方法检测 AFLP，使 AFLP 花费降低，可操作性增强。具体技术操作请参考 Caetano-Anolles 和 Gresshoff（1997）合著的《DNA 标记：程序应用和观点》（*DNA markers：Protocols，applications，and overviews*），郑成木（2003）主编的《植物分子标记原理与方法》。

（四）核酸序列分析技术

核酸序列分析（DNA and RNA sequence analysis）是通过测定某一特定基因或基因片段核酸一级结构中核苷酸序列组成来比较同源分子之间相互关系的方法。核苷酸是生物体遗传信息的最基本组成单位，核苷酸序列能够为物种提供最丰富、最直接的信息。利用核酸序列分析研究生物分类和进化，能直接观察到大量核苷酸变化信息，如碱基变化的转化与颠换，不活动性与有选择性。公开发表的序列都可直接用来进行所需要的比较和分析。这就使人们可在更广的范围内进行生物进化和系统发育的研究。

核酸序列测定是现代分子生物学中一项重要的技术。目前应用的分析 DNA 序列（DNA sequences）的方法，是用特定引物 PCR 扩增目的 DNA 片段，再用不同的染剂标记在 4 个不同的碱基上。当染剂暴露在光线下时，会发出不同波长的荧光，再借由仪器接收不同的讯号而将序列读出。

现在，人们普遍应用 PCR 产物和荧光标记的核酸自动测序仪直接测序。PCR 反应所用模板 DNA 量极少，包括从干标本中获得，从单个孢子中获得，甚至可以从灭绝的生物中获得。而且，也可以将 PCR 产物进行克隆以后再测序。克隆可以避免在每次需要扩增产物时都得重复进行 PCR 反应，这对模板的来源受到限制或由于片段长度等原因，使 PCR 产物难以获得时尤其重要。将 PCR 产物克隆到载体上，也为其以后用作探针或在 PCR 实验中用作阳性对照带来了方便。另外，随着分子信息学的发展，已有许多功能基因及专门的 DNA 序列数据库软件供序列比较，使基因的序列分析可揭示更高水平多态性。核酸序列测定技术结合序列数据库，各种序列分析软件，在分子进化、种群遗传、生物多样性、生物系统地理学和濒危野生动植物保护等诸方面应用越来越广泛。不过，常用的核糖体 RNA、线粒体 DNA 及少数核 DNA 序列分析虽然在分子生态学的发展中发挥了重要作用，但线粒体 DNA 只能反映母系遗传和线粒体基因组的情况，不能提供整个基因组全貌的情况，其他基因序列分析也类似，只能作为单一位点提供有限信息，而且不能直接用来研究自然选择、重组、基因产生等重要的进化生物学问题。还需要深入发展设计和运用核基因组、多位点 DNA 序列的分子工具。

（五）单核苷酸多态性分析技术

单核苷酸多态性（single nucleotide polymorphism，SNP），主要是指在基因组水平上由单个核苷酸的变异所引起的 DNA 序列多态性。这种变异可由单个碱基的转换（transition）或颠换（transversion）所引起，也可由碱基的插入或缺失所致。但通常所说的 SNP 并不包括后两种情况。SNP 一般只有 2 个等位基因和 3 种基因型，又称为双等位基因标记，包括存在于基因编码区的功能性突变 cSNP 和随机分布于基因组的大量单碱基变异。

与上述 AFLP、SSR、核酸序列片段等分子标记相比，SNP 被称为第 3 代分子标记，具有明显的优点。首先，SNP 在基因组中数量多，覆盖密度大，多态性高。虽然单个 SNP 只有两个变异，程度不及 SSR，但其数量庞大，据报道在人类遗传图谱上，SNP 的登记数目已达 142 万个，平均每 500 ~ 1 000 个碱基对中就有一个。因此整体上说其多态性数量最大，占所有已知多态性的 90% 以上。这种高多态性使得 SNP 分子标记更便于基因鉴定和定位，建立序列变异与表型、性状的关系，从而使更全面深入地了解个体和群体间基因组的变异或多态性成为可能；其次，SNP 的二态标记特点使得其在检测时不用如检测 SSR 那样对片段长度进行测量，只需一个 "+、−" 或 "全/无" 分析的方式，易于分型，更利于发展快速的批量规模化筛查和分析。由于 SNPs 遗传稳定性高，位点丰富且分布广泛，位于基因编码区的 cSNPs 可能导致蛋白功能的改变、因而可代表功能多样性，具有二态性和等位基因性，检测快速易实现自动化分析，随着高通量 SNP 检测系统的开发研制，SNP 标记已成为目前最具发展潜力的分子标记之一。

SNP 标记的检测方法非常多，粗略估计不下 20 余种，一般根据实际需要采用不同的 SNP 分型方法来检测。SNP 分型实验一般可分为 4 类：等位基因特异性杂交方法、引物延伸法、寡核苷酸连接反应以及内切酶酶切技术，每种分型实验的产物又可分别使用冷光法、荧光法、质谱法等检测方法来分析。依据 SNP 分型的通量大小可分为高通量的 SNP 芯片法、中等通量的质谱法、SnaPshot 法、高分辨溶解曲线法，以及传统低通量的 SNP 分型方法如测序法、RFLP 法和两轮 PCR 引物法。

随着大量生物基因组测序完成，分子生物学技术进入高通量、大规模的全基因组水平分子时代，SNP 标记在分子遗传育种、遗传多样性分析、分子系统进化和群体进化研究方面正发挥着越来越重要的作用。

第七节 | 同位素示踪技术及其在生态学研究中的应用

同位素为相同化学元素的原子，由于在原子核中存在不同的中子数而具有不同的质量，有轻、重同位素之分。根据物理特性，又将同位素分为放射性和稳定性两种形式。放射性同位素（radioactive isotope）（如 ^3H、^{14}C）经历着自身的衰变过程，并放射出辐射能，是不稳定的，具有物理半衰期。由于放射性同位素的辐射作用对人体有潜在的不良作用，使其应用受到严格限制，一般在专门的同位素室内用于实验室分析技术，如用于检测激素、蛋白质的放射免疫技术、放射自显影技术等。放射性同位素标记示踪技术灵敏度高，结果准确，操作程序简便，但因为放射性污染问题，在生态领域应用不多，多使用在动物营养等研究领域，用于研究矿质元素在动物体内的吸收、转移和代谢规律，所使用的元素包括钙、磷、铁、锌、钠、钾、锰、铝、钴、铜、碘、碳和氢等。稳定同位素（stable isotope）无放射性，物理性质稳定，以一定比例存在于自然界，对人体无害，常用的稳定性同位素有 ^2H、^{13}C、^{15}N、^{18}O 和 ^{34}S。以追踪不同质量的稳定同位素的相对丰度为特点的稳定同位素示踪技术日益受到人们的关注，已广泛应用于生态学和环境科学的各个领域。该项技术非常适合于观测不同营养级之间生物的关系，营养物的来源和动力变化过程，污染物在复杂生态系统中的行为以及营养、能量代谢的路径等，而且快速可靠，数据稳定准确，从而为生态学家提供了强有力的研究工具，解决了许多用传统方法难以解决的问题。如在植物生理生态学方面用于研究植物光合作用的途径以及水分的来源、平衡和利用效率等；在生态系统生态学领域用于研究生态系统的物质循环、功能过程以及系统对全球变化的响应，推断古气候及其环境条件特征等；在动物生态学方面用于区分动物的食物来源、食物链、食物网和群落结构以及动物的迁移活动、野外动物能量代谢规律等。本节重点介绍稳定同位素示踪技术在生态学研究中的一些主要应用领域及其研究方法，使读者对该技术及其在生态学研究中的应用有一个初步认识。

一、常用稳定同位素及其测度

稳定同位素（包括 C、H、O、N 和 S）通常具有两种或多种同位素形式，在自然界中大部分以轻的同位素形式存在，重型同位素形式则很少。如广泛存在于地壳、大气和生物体的最重要的元素 C 和 N，其重型同位素形式 ^{13}C 和 ^{15}N 在自然界存在的比例仅不到 1%，其余都是轻型同位素 ^{12}C 和 ^{14}N。表 1-4 列出了生态学研究中重要的几种稳定同位素在陆地生态系统所占的平均比例。

表 1-4　生态学研究中重要的几种稳定同位素在陆地生态系统所占的平均比例

元素	同位素	比例 /%
氢	^1H	99.985
	^2H	0.015
碳	^{12}C	98.89
	^{13}C	1.11
氮	^{14}N	99.63
	^{15}N	0.37
氧	^{16}O	99.759
	^{17}O	0.037
	^{18}O	0.204
硫	^{32}S	95.00
	^{33}S	0.76
	^{34}S	4.22
	^{36}S	0.014

同位素在自然界的含量常用 δ 表示，单位是 "‰"。因为稳定同位素在自然界中含量极低，用绝对量表达同位素的差异比较困难，因而国际上公认使用相对量来表示同位素的富集程度，公式如下：

$$\delta(X) = \frac{R_{sam} - R_{std}}{R_{std}} \times 1\ 000‰$$

式中：R_{sam}——样品中元素的重、轻型同位素丰度之比；

　　　R_{std}——国际通用标准物的重、轻型同位素丰度之比。

如果一种树叶样品的 $^{15}N/^{14}N$ 比标准比值大 5‰，则样品值表示为：$\delta(^{15}N) = +5‰$。

二、同位素效应与同位素示踪技术

稳定同位素之间虽然没有明显的化学性质差别，可参加同样的化学反应，但其物理化学性质（如在气相中的传导率、分子键能、生化合成和分解速率等）因质量上的不同常有微小的差异，从而使其反应物和生成物在同位素组成上有所差异，这种现象称为同位素效应（isotope effect）。同位素效应的大小常常用同位素分馏（isotope fractionation）或同位素判别（isotope discrimination）的程度来表示。

陆地生态系统不同区域植物中，存在稳定同位素（H、C、N、O）组成的差异，其主要原因是环境中存在的各种同位素效应。如在同样条件下，轻型同位素 $H_2^{16}O$ 比重型同位素 $D_2^{18}O$ 更容易蒸发，且在向内陆运动过程中也移动得更快；但在降水过程中，$D_2^{18}O$ 却先下落，从而使降水中 $\delta(D)$ 值和 $\delta(^{18}O)$ 值在陆地上的不同纬度、不同海拔及与海洋距离不同的地区呈明显规律性变化。自然界碳化合物的 $\delta(^{13}C)$ 相对于 PDB 标准（Pee

Dee Belemnite standard）大致为 0‰ ~ –110‰，植物光合作用途径的不同（C_3，C_4 和 CAM 途径）是产生碳同位素组成不同的主要原因。C_3 植物 $\delta(^{13}C)$ 值为 –20‰ ~ –35‰（平均为 –26‰），C_4 植物为 –7‰ ~ –15‰（平均为 –12‰），CAM 植物为 –10‰ ~ –22‰（平均为 –16‰）。根据 $\delta^{13}(C)$ 值可判断不同类型植物。草食性动物组织的 $\delta(^{13}C)$ 值反映了其所吃植物的信息，据此可推断动物在过去和现在的食物组成。自然界生物的 $\delta(^{15}N)$ 通常在 –5‰ ~ +10‰ 之间，草食性动物比其所取食的植物富集 ^{15}N，而肉食者比其猎物更富集 ^{15}N。大气氮同位素比植物组织要轻，而土壤 ^{15}N 却趋向于高，说明细菌对轻型同位素的分解有同位素区别现象。非固氮生物组织的所有氮来源于土壤，因此可预期其 $\delta(^{15}N)$ 高于固氮生物，因为后者直接从大气中获得氮。由上可知，通过同位素效应分析，可获得有关生态系统过程的很多有用信息。

　　稳定性同位素示踪技术特点是将已知丰度（不同于天然丰度）的同位素标记加入所观测的系统或过程中，通过跟踪观测获取待测信息。研究者可直接购得重型同位素比例高达 99% 的元素标记。比如在氮循环研究中，研究者用不同于天然丰度的 ^{15}N（高 2% ~ 5% 或低 0.36%）标记氮肥给作物施肥，跟踪加入氮肥所经历的过程（部分被作物吸收、部分进入土壤、部分经反硝化作用进入大气、部分被水流带入水域），我们就可获得大量有用数据，用来评价庄稼从施肥中获得的最大收益、施肥对水域造成的最小可能污染等。

三、在生态系统食物关系与能量流动研究中的应用

　　在特定的生态系统中，各种生物种群之间的摄食关系、营养物质和能量流动是生态学研究的一个难题。稳定同位素判别技术通过研究生态系统中有机碳和氮稳定同位素组成的动态变化，为解决这一生态学难题提供了新途径。其原理是通过比较分析各种不同初级生产者与次级消费者碳同位素构成的方法，确定各种不同环境条件下食物网的碳源，分析研究何种来源的碳驱动了生态系统的食物网，以界定生物体在系统中的营养位置。同样，生物的稳定氮同位素的组成在用于确定生态系统中生物种属的营养位置方面也已得到公认，生物中 $\delta(^{15}N)$ 受食物源和生物的新陈代谢两方面因素的影响，新陈代谢会引起同位素的分馏，使 ^{15}N 同位素在生物体内进一步沉积，这样逐级积累从而实现了不同营养级之间同位素的富集作用，因此 ^{15}N 是一种较好的营养级指示剂。在动物食性分析研究中，通常采用双同位素示踪方法，对生态系统中具有不同同位素组成的能量来源做定量计算。因动物同位素组成总是与其栖息环境中植物同位素组成相一致，而且还整合了一段时间内动物所采食的所有食物同位素组成的综合特征，而不同生态系统、不同植物间都存在明显的同位素组成差异，因此运用碳、氮同位素，测定动物组织同位素组成及其可能食物的同位素组成，就可以确定动物所喜食的食物，动物食物的主要来源、季节变化和年变化，并可计算出每种食物在整体食物中所占的比例，进而推测动物所处的营养级位置，确定某些关键种的生态学作用，在生态系统复杂的食物网中建立起连续的营养位置，而不是离散的营养级，为探索生态系统中营养物质与能量流动的基本原理及其基本过程打下基础。

四、在环境污染物监测与环境保护方面的应用

在特定条件下，稳定同位素的组成有大致固定的变化范围。如硫同位素 $\delta(^{34}S)$ 在膏岩和灰泥中为 +15‰ ~ +35‰，在汽车排放的废气中为 +12‰ ~ +17‰；大气沉降物的 $\delta(^{15}N)$ 为 +2‰ ~ +8‰，人类和动物的 $\delta(^{15}N)$ 为 +10‰ ~ +20‰，而人工合成的化学肥料的 $\delta(^{15}N)$ 为 −3‰ ~ +3‰。利用这些规律进行稳定同位素示踪，即可追踪环境的污染状况并对污染程度进行评价。不同来源的含氮物质具有不同的氮同位素组成，使氮同位素成为很好的污染物指示剂。目前，化肥的使用非常普遍，土壤中的氮肥及其他的含氮有机物随着水土流失进入江河湖海，可用 $\delta(^{15}N)$ 作为水域环境污染程度指标。此外，稳定氮同位素还可用于生物对多氯联苯（PCB）、DDT、氯丹（CHL）等有机氯污染物和 Hg、Cd、Zn 等重金属的生物放大作用的研究，与常规污染物调查相结合，来观测陆源污染物的扩散迁移规律及其在食物网中的生物放大和积累作用。

同位素示踪技术还可用于研究自然因素引起的环境破坏。例如，由于地层中的咸水与现代海水的化学成分相近，因此很难从化学成分上加以区分。但咸水和现代海水的 D 和 ^{18}O 的 δ 因古今温度的变化而有很大差异。因此可以根据稳定同位素 δ 的变化范围确定海水的入侵程度。在赤潮研究中应用稳定同位素示踪技术，通过追踪引起赤潮主要物种的发展变化，可以研究赤潮的产生机制、发展过程和对水体及生态系统营养级的影响，了解赤潮消失的原因及赤潮的预防手段，探索赤潮发生后稳定生态系统的措施和条件。

五、在生态学其他领域的应用

稳定同位素技术作为现代生态学研究中一门新兴技术，在生态学研究的诸多领域中都展现了广阔的应用前景。根据植物组织中 $\delta(^{13}C)$ 随干旱、盐分、温度、不同植物种类等环境条件的变化，植物生态学家通过观测该指标来推断植物的水分利用效率，植物对水分胁迫、盐度胁迫的响应机制、土壤有机物质的来源、生物群落动态演替规律等。由于陆地上不同区域植物同位素组成 $\delta(D)$、$\delta(^{13}C)$、$\delta(^{15}N)$ 和 $\delta(^{18}O)$ 有明显差异，而动物组织中的同位素组成反映了其食物的同位素组成，所以当动物从一个地方迁移到其他地方时，动物组织中的同位素特征就会转化为新食物的同位素组成。但这种转化是一种动态的渐变过程，原来食物的同位素特征还会在动物组织中保留一段时间。这样，通过分析动物不同组织的同位素组成即可获得不同时间段内动物的活动区域及其迁移信息。据此，稳定同位素被用来研究动物的分布格局及其迁移、运动规律。在动物生理生态学研究领域，应用 $^2H_2{}^{18}O$ 的双标水法使研究者可以在动物正常活动状态下测定其能量代谢，为研究野生动物野外活动代谢规律提供了有利的研究手段；^{15}N 被用来探索动物的蛋白质代谢过程。在微生物生态学研究方面，稳定同位素技术也日益成为一种有力工具。

随着社会的进步和科学技术的发展，应用稳定同位素的种类也越来越多，相应的稳定同位素测定方法以及所建立的统计分析模型也日臻完善，将为促进生态学科的发展发挥巨大作用。

第八节 | 3S 技术及其在生态学研究中的应用

3S 技术是遥感（RS）、全球定位系统（GPS）和地理信息系统（GIS）技术的统称。现在，3S 技术已越来越深入地服务于我们的工作和生活，在生态学研究中同样呈现出广阔的应用前景，有力促进了传统生态学研究方法无法解决的一些问题的研究及相关领域的发展。本节简介 3S 技术的方法、原理和应用，使学生对这些研究工具有一个初步的了解。

一、遥感（RS）技术

遥感（remote sensing，RS）是指通过某种传感器装置，在不与被研究对象直接接触的情况下，获取其特征信息（一般是电磁波的反射辐射和发射辐射），并对这些信息进行提取、加工、表达和应用的一门科学和技术，包括传感器技术，信息传输技术，信息处理、提取和应用技术，目标信息特征的分析与测量技术等。遥感技术依其遥感仪器所选用的波谱性质可分为电磁波遥感、声呐遥感、物理场（如重力和磁力场）遥感等。生态学中常用的电磁波遥感技术是利用各种物体/物质反射或发射出不同特性的电磁波进行遥感的，其又可分为可见光、红外、微波等遥感技术。遥感技术系统包括：空间信息采集系统（包括遥感平台和传感器），地面接收和预处理系统（包括辐射校正和几何校正），地面实况调查系统（如收集环境和气象数据）和信息分析应用系统。遥感技术正朝着高精度、多光谱、高分辨率、多时相、动态监测、计量探索等方向发展。

早在 20 世纪 60～70 年代，人们就利用叶绿素的卫星遥感图像，对地球植被覆盖率、各大生态系统初级生产力等进行了大规模调查。现在，遥感技术广泛应用于资源调查（水资源、土壤资源、植被资源、湿地资源和海洋资源等）、污染监测（大气污染、水域污染、土壤污染等）、生态系统管理与环境保护等多方面。在动物生态学领域，以遥感技术为核心的生物遥测技术（biotelemetry），使生态学家可以远距离观测野生动物在其自然状态下的生理、行为和能量代谢，如通过给迁移性大的动物（如鸟类、有蹄类哺乳动物、鱼类等）身上带上无线电发射器，即可用接收器直接读取数据确定其分布区域、活动规律、迁移路线等。该技术使人们能长期观测不受干扰的动物在自然生活状态下的状况，为生态学基础理论的发展提供了巨大潜能，已有许多研究成果改革了我们受研究方法限制得到的传统认识。如对鱼类自然活动状态下游泳速度、能量花费的生物遥测使人们认清了鱼类如何充分利用能量来达到最大适合度，鱼类洄游生态等；只有在生物遥测技术发明以后，人们才开始能够深入研究鸟类的飞翔生理，观测鸟类飞翔时的心率、振翅频率、能量消耗等；对潜水鸟类的研究发现其潜水时的能量消耗竟然一点都不比其在水中休息时多。生物遥测技术以其可以对自然活动状态下动物的行为、能量、生理活动等进行观测的特点，将在生态学基础理论研究、动物种群生态学、动物保护等领域发挥越来越重要的作用。

二、全球定位系统（GPS）技术

GPS 的全称是卫星测时测距导航/全球定位系统（navigation satellite timing and

ranging/global positioning system），这是一种以卫星为基础的无线电导航系统，具有全能性（陆地、海洋、航空、航天）、全球性、全天候、连续性、实时性的导航、定位和定时等多种功能。GPS 能为各类静止或高速运动的用户迅速提供精密的瞬间三维空间坐标、速度矢量和精确授时等多种服务，其精度已达到厘米甚至亚毫米级，大大拓宽了 GPS 技术在各行各业的应用范围。GPS 定位的几何原理是利用测距交会的原理确定测点位置的。如图 1-6 所示，GPS 卫星任何瞬间的坐标位置都是已知的。一颗 GPS 卫星（S_n）信号传播到接收机的时间决定于该卫星到接收机（P）的距离（D_n），但不能确定接收机相对于卫星的方向，在三维空间中，GPS 接收机的可能位置构成一个以 S_n 为中心以 D_n 为半径的球面（称为定位球）；当测到两颗卫星的距离时，接收

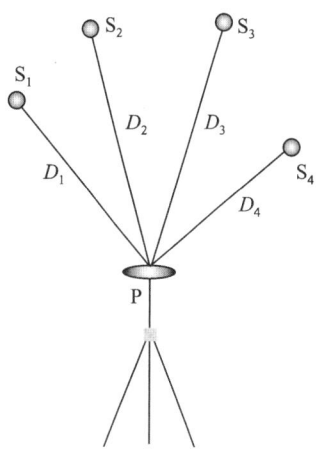

图 1-6　GPS 定位原理

机的可能位置被确定于两个球面相交构成的圆上；当得到第三颗卫星的距离后，第三个定位球面与该圆相交得到两个可能的点；第四颗卫星确定的定位球便交出接收机的准确位置。因此，如果接收机能够同时得到四颗 GPS 卫星的测距信号，就可以进行瞬间定位。GPS 主要用于生态学野外研究，以对采样地点、动物所处位置等进行准确定位。

三、地理信息系统（GIS）技术

GIS（geographic information system）是一种在计算机软硬件支持下，对空间数据进行录入、编辑、存储、查询、显示和综合分析应用的技术系统。它可以对在地球上存在的东西和发生的事件进行成图和分析，把地图这种独特的视觉化效果和地理分析功能与一般的数据库操作（如查询和统计分析等）集成在一起。这种能力使 GIS 与其他信息系统相区别，广泛应用于各行各业。

GIS 主要由硬件、软件和数据构成。硬件是 GIS 所操作的计算机。现在，GIS 软件可以在从中央计算机服务器到桌面计算机、从单机到网络环境的很多类型硬件上运行。GIS 软件提供所需的存储、分析和显示地理信息的功能与工具。主要的软件部件有：输入和处理地理信息的工具，数据库管理系统（DBMS），支持地理查询、分析和视觉化的工具以及方便使用这些工具的图形化界面（GUI）。GIS 系统中最重要的部件是数据。地理数据和相关的表格数据可以自己采集或者从商业数据提供者处购买，如可购买研究区域的各种专业地图、遥感图像、气象资料等，GIS 将把空间数据和其他数据源的数据集成在一起，为人们提供形象、直观的信息资料。

GIS 的工作原理是将有关研究对象的信息通过地理关系集成在一起。这些信息可以是不同的主题，如一个地区的气象资料、植被覆盖状况、经济发展状况、教育普及程度，等等。地理信息包含明确的地理参照系统，如经度和纬度坐标，或者是国家网格坐标。也可以包含间接的地理参照系统，如地址、邮政编码、人口普查区名、森林位置识别、路名等。GIS 的分析功能主要有网络分析、影像分析和三维分析等。网络分析用来帮助解决各类地理网络问题，如寻找最佳路径；影像分析提供了对地学影像进行处理的功能，如影像

的可视化、影像增强和影像分类等；三维分析功能是用来建立、显示以及分析三维数据，如等高线的计算、坡度坡向的计算、曲表面面积及体积计算等。将上面各种信息资料集成在地理参照系统中，加上查询和分析功能，人们就可如查地图那样很方便地了解研究区域的现状，并进行评价、预测和管理。

四、3S 技术在生态学领域的综合应用

RS、GIS 和 GPS 的综合应用，可以充分发挥各自的技术优势，是实时、准确而又经济地为人们提供所需要的各种空间信息和决策辅助信息的有力手段。3S 技术综合应用的基本思路是：利用 RS 提供最新的图像信息，利用 GPS 提供图像信息中的主要"位置"信息，利用 GIS 为图像处理、分析应用提供技术手段，三者紧密结合，可以为人们提供精确的基础资料，其中包括图件和文本数据。如我国生态保护和恢复的一项重要措施是退耕还草，但制定具体措施前首先要了解西部地区土地利用类型分布现状，再决定哪些土地需要退耕还草，这些问题可用 3S 技术解决。首先收集研究区域的图形资料（如各种地形图、行政区图、土地利用现状和植被分布等专题地图）和图像资料以及当地的自然、经济等各方面文字形式的统计资料，通过 GIS 对收集到的非电子形式的图形资料数字化，建立起矢量图形库。另一方面，可利用 RS 技术获取能够反映土地利用最新动态，最容易将耕地、林地和草地判别出来的最佳时相、最佳波段的遥感图像，建立遥感影像库。用 GIS 软件对遥感图像进行处理和信息提取，建立数字高程模型（DEM），从而进行各种地形分析。最后对遥感图像、DEM 和土地利用图、行政区图等矢量图形进行叠加分析，就可清楚、直观地看出耕地、林地、草地等各种类型在各坡度带内的分布情况，得到退耕还林（草）地块分布专题图，并将退耕还林（草）的任务落实到具体地块和具体行政区内。鉴于 3S 技术强大的整合、处理地理信息与其他信息的功能，解决了传统生态学研究方法难以定量表现空间格局、野外生境特别是大尺度生境变化等难题，大大促进了生态学在宏观领域的深入发展。目前，3S 技术已成为景观生态学、全球变化、生态系统评价与管理、生态恢复等领域最重要的研究工具。

（牛翠娟）

第二部分
有机体与环境

实验 2.1 | 环境温度对动物体温的影响

外温动物的体温随环境温度的变化而变化，内温动物的体温在一定温度范围内可保持恒定。环境温度对动物体温的影响与动物种类、个体年龄及性别、个体差异、体表被盖物的性质和干湿度等因素有关。

【实验目的】

（1）了解环境温度对不同种动物体温的影响。

（2）学习单因子实验设计与观测的基本方法。

（3）认识内温动物与外温动物的体温随环境温度变化的规律。

【实验器材】

1. 实验动物

牛蛙，小鼠。

2. 仪器与设备

光照培养箱（$0 \sim 50℃$），数字温度计，天平，纱布，鼠笼或小铁丝笼等。

【方法与步骤】

（1）建立环境温度梯度（$10℃$，室温，$35℃$）。

（2）对实验动物分别称重，测量体温。

（3）把实验动物分别放置在各个温度梯度下 30 min，观察动物在不同温度下的行为反应（见数字课程），然后取出，再分别用数字温度计测体温（小鼠肛温和牛蛙泄殖腔的温度），结果记录在表 2-1 中。

表 2-1 环境温度对动物体温的影响记录表

动物名称	性别	年龄	实验前体重/g	实验后体重/g	实验前体温/℃	在不同环境温度下的体温/℃		
						10	室温	35

【结果与分析】

综合实验数据，揭示动物体温与环境温度之间的关系。

【注意事项】

抓小鼠时一定要戴线手套，防止被咬。一旦手指被小鼠咬出血，应立即到当地医院就诊。

小鼠和牛蛙的抓取以及体温测量，请参见数字课程。

【思考题】

（1）如何判别牛蛙的性别？

（2）如何判别小鼠的性别？

（牛翠娟）

实验 2.2 | 鱼类对温度、盐度耐受性的观测

任何一个生态因子在数量上或质量上的不足或过多，即当其接近或达到某种生物的耐受限度时，会使该种生物生活受阻或不能生存。不同的生物对温度、盐度等生态因子有不同的耐受上限和下限，上、下限之间的耐受范围有宽有窄，且生物对不同生态因子的耐受能力随生物种类、个体差异、年龄、驯化背景等因素而变化。当多种生态因子共同作用于生物时，生物对各因子的耐受性之间密切相关。

【实验目的】

（1）掌握生物对生态因子耐受范围的测定方法。

（2）认识不同鱼类对温度、盐度的耐受限度和范围不同，这种不同的耐受性与其分布生境和生物学特性相关。加深对谢尔福德耐受性定律的理解。

【实验器材】

1. 实验动物

金鱼，孔雀鱼（金鱼为温带起源的淡水物种，孔雀鱼为热带起源的淡水物种）。

2. 设备与试剂

水族箱，光照培养箱（0~50℃），水浴箱，数字温度计，鱼缸（3.5~5 L），海水精，2 L 容量瓶，冰，天平，纱布，2 000 mL 和 1 000 mL 广口烧杯，搅拌棒等。

【方法与步骤】

1. 观察不同鱼类对高温和低温的耐受能力

（1）建立环境温度梯度（10℃，室温，35℃）。

（2）记录其种类、体重（g）和驯化背景。

（3）将不同种类的实验鱼每 10 条分成一组，每种每组至少设两个重复。重复组之间鱼的平均体重应大致相等，分别放置在不同温度下 30 min。观察其行为，并记录死亡的数目。动物明显麻痹不动可认定为死亡。

注：可用冰块在广口烧杯周围降温，用水浴箱升温。在升温或降温的过程中，金鱼或孔雀鱼都应先放入广口烧杯中。

（4）将鱼类在不同温度条件下死亡数随时间的变化记录在表 2-2 中。

表 2-2　不同温度下不同鱼类死亡数随时间的变化

实验动物	体重 /g	驯化背景	30 min 内的死亡数		
			10℃	室温下的水温	35℃

2. 观察金鱼对盐度的耐受能力

（1）用海水精配制不同浓度的海水溶液，建立 3 个盐度梯度（浓度分别为 20 g/L、32 g/L、40 g/L）。

（2）对实验动物称重。

（3）将金鱼分成每 10 条一组，分别放入 20 g/L、32 g/L 和 40 g/L 的高盐度环境中，观察其行为 30 min，并记录动物随盐度升高的行为反应及死亡数，将观察结果记录在表 2-3 中。

表 2-3　金鱼对盐度的耐受力观测结果记录表

实验动物	体重 /g	驯化背景	30 min 内的死亡数		
			20 g/L	32 g/L	40 g/L

注：金鱼应同时放入 3 个浓度的盐水中，以便于比较观察其行为。

【结果与分析】

（1）根据实验数据和观察到的行为，金鱼和孔雀鱼对环境温度的耐受性有什么规律？请做出解释。

（2）根据实验结果，金鱼对盐度的耐受性如何？为什么？

【思考题】

（1）你所观测到的鱼类对温度、盐度的不同耐受性与该种鱼类的生境和分布有何关系？

（2）在金鱼与孔雀鱼对温度耐受性的实验中，为了使实验数据和观察到的现象更加准确，在操作过程中应该注意什么？

（3）20 g/L 的海水溶液如何配制？

（牛翠娟）

实验 2.3 ｜ 温度对动物能量代谢的影响

生物通过呼吸消耗氧气，氧化体内的能量物质，产生能量来维持自身的各种生命活动，称为能量代谢。呼吸需要的氧气量与产生的能量多少密切相关，因此，通过测定生物呼吸耗氧量的多少，即能间接评价生物能量代谢率的高低。

【实验目的】

（1）了解呼吸耗氧量是反映动物能量代谢强度的一个重要指标，可通过测定动物在不同生理状态下的呼吸耗氧量，推算出其用于代谢的能量消耗。

（2）了解测定水生动物与陆生动物呼吸耗氧量的基本方法。

一、温度对金鱼呼吸耗氧的影响

【实验原理】

密闭静水法（水瓶测定法）是测定水生动物呼吸率的一种方法。实验需准备两组水瓶，其中一组放实验动物，另一组为空白对照，经过一段时间后，分别测定两组瓶子中溶解氧的含量，其差值就是动物的呼吸耗氧量。

Winker 法是测定水中溶解氧的常用方法，这种方法是基于溶解氧与硫酸锰和碱性碘化钾溶液中的氢氧化钠结合，生成三价锰或四价锰的氢氧化物棕色沉淀，加酸后沉淀溶解，并与碘离子发生氧化–还原反应，释放出与溶解氧量相当的游离碘，再以淀粉为指示剂，用硫代硫酸钠标准溶液滴定碘，根据硫代硫酸钠的用量，计算出溶解氧的含量。

【实验器材】

1. 实验动物

金鱼。

2. 仪器与设备

光照培养箱，数字温度计，500 mL 磨口广口瓶（作为呼吸瓶和对照瓶），水浴箱，50 mL 量筒，50 mL 碘量瓶，2 000 mL 广口烧杯，托盘，橡皮管，铁架台，天平，1 000 mL 量筒，150 mL 锥形瓶，移液管，滴定管等。

3. 试剂

（1）浓硫酸。

（2）硫酸锰溶液：400 g $MnSO_4 \cdot 4H_2O$ 加蒸馏水至 1 000 mL。

（3）碱性碘化钾溶液：200 g NaOH + 150 g KI 加蒸馏水至 1 000 mL。

（4）硫代硫酸钠（0.01 mol/L）：2.5 g $Na_2S_2O_3 \cdot 5H_2O$ + 0.1 g Na_2CO_3 加新煮沸再冷却后的蒸馏水至 1 000 mL（需要至少提前 1 天配好，放在棕色瓶中，待溶液稳定后精确标定其浓度）。

（5）淀粉指示剂（1%）：1 g 可溶性淀粉溶于 100 mL 蒸馏水（淀粉不易溶解，可先用少量水加入淀粉中搅拌后，其余的水煮沸冲入搅拌液中）。

【方法与步骤】

（1）将实验水温设置为 10℃、室温、30℃ 3 个温度等级。

（2）记录气温、气压，并对金鱼进行称重。

（3）用烧杯装水调水温。

（4）一个温度下两个广口瓶为一组，其中一个放入一条金鱼作为呼吸瓶，另外一个做对照瓶不放金鱼。

（5）将呼吸瓶与对照瓶放入相应实验温度的恒温光照培养箱，放置 30 min。

（6）将呼吸瓶与对照瓶从培养箱中取出，分别用虹吸法快速取水样到 50 mL 碘量瓶中（每个实验瓶取两份水样，分别装入两个碘量瓶中，碘量瓶中水一定要装满，使水自然溢出）。

（7）立即按 Winker 法固定水样，测定水样中溶解氧水平。

（8）标定硫代硫酸钠浓度（见附：Winker 滴定法）（这一步骤教师可以事先完成）。

（9）根据公式计算动物在不同温度下的耗氧量。

（10）比较每个温度下不同大小金鱼的耗氧量及各温度下金鱼单位体重的呼吸耗氧量。

附：Winker 滴定法（碘量法）

（1）用移液管向水样中加入 1 mL 硫酸锰溶液和 2 mL 碱性碘化钾溶液，注意移液管要插入液面以下（水样的固定）。

（2）盖紧瓶塞，将瓶颠倒混合，产生沉淀，静置。

（3）用移液管沿瓶口加入 1 mL 浓硫酸，立即盖紧瓶塞，摇动。待沉淀溶解后静置 5 min。用量筒取 50 mL 上述处理过的水样，放入 150 mL 锥形瓶中，用硫代硫酸钠溶液滴定至浅黄色，加入 10 滴淀粉溶液，继续滴定至蓝色刚好消失。记录滴定所用的硫代硫酸钠溶液的体积。

（4）硫代硫酸钠溶液的标定：所需试剂有 0.01 mol/L 的碘酸钾、碱性碘化钾溶液、浓硫酸、0.1% 淀粉溶液。

0.01 mol/L 碘酸钾溶液的配制：准确称取已烘干的 KIO_3 基准物 0.178 3 g 置于 200 mL 烧杯中，加少量水溶解后，定量转移至 500 mL 容量瓶中，稀释至刻度，摇匀。

用移液管吸取 KIO_3 溶液 25.00 mL 于 250 mL 锥形瓶中，加入 1 mL 碱性碘化钾溶液和 1 mL 浓硫酸，摇匀后立即用待标定的 $Na_2S_2O_3$ 溶液滴定至淡黄色，加淀粉溶液 5 mL，继续用 $Na_2S_2O_3$ 滴定至蓝色刚好消失，记录硫代硫酸钠溶液的用量 V。

计算硫代硫酸钠的浓度：

$$c_{Na_2S_2O_3} = \frac{0.01 \times 25 \times 10^{-3}}{V}$$

上述标定重复 3 次，求平均值。

（5）计算溶解氧：

$$DO（mg/L）= \frac{V \times c_{Na_2S_2O_3} \times 32 \times 1\,000}{4 \times 50}$$

$$动物呼吸耗氧量 = （DO_0 - DO）\times V_b$$

式中：V_b——实验呼吸瓶中水的体积；

   DO_0——对照瓶中溶解氧含量；

   DO——呼吸瓶中溶解氧含量。

动物单位体重、单位时间的呼吸耗氧率：

$$R = \frac{（DO_0 - DO）\times V_b}{tW}$$

式中：t——实验时间，h；

   W——动物体重，kg。

【结果与分析】

见表 2-4。

表 2-4　温度对动物能量代谢的影响

日期_____气压_____

硫代硫酸钠浓度 $c_{Na_2S_2O_2}$ = _____

样本号	体重 /kg	温度 /℃	V_b/mL	DO_0/ (mg · mL^{-1})	V/mL	DO/ (mg · mL^{-1})	R/ (mg · h^{-1} · kg^{-1})

注：水中溶解氧还可用溶解氧测定仪很方便地进行检测，而且一些精密的溶氧仪准确度、精密度都达到了一定标准，完全可用于科学实验，但仍需要经常使用碘量法对仪器进行标定，以减小误差。

【注意事项】

操作强酸、强碱溶液时注意规范操作和安全。

二、陆生动物呼吸耗氧的测定方法（演示实验）

【实验原理】

测定陆生动物呼吸代谢的呼吸仪一般分为开放式和封闭式两种类型。开放式呼吸仪如 Oxymax O_2/CO_2 呼吸仪，其原理是人工精确配制通过呼吸室的气流，用气体分析仪观测呼吸室进口和出口气体成分的变化，结合气流速度，计算动物的耗氧量或二氧化碳排出量。封闭式呼吸仪中，有的是通过分析密闭呼吸室在实验前后气体成分的改变来估算耗氧量（或二氧化碳排出量），有的是以补氧系统补充被动物消耗的氧，而将呼吸室内的二氧化碳用酸吸收掉，通过氧补给量来估算耗氧量。

【实验器材】

1. 实验动物

小鼠。

2. 设备与试剂

具自动补氧系统的呼吸仪，控温仪及加热棒，大水槽，干燥器，半导体点温计，气压计，温度计，天平，鼠笼，氧气袋，止血钳，秒表，培养皿，洗耳球，氢氧化钠等。

【方法与步骤】

（1）按图 2-1 连接好装置。

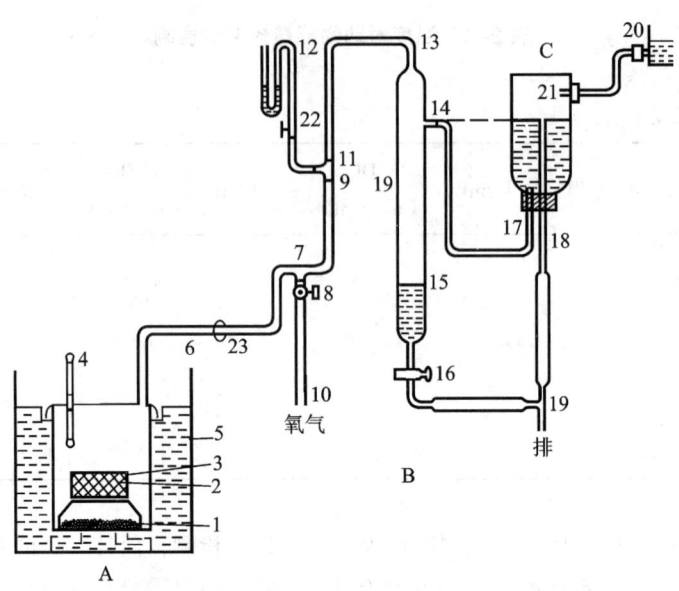

图 2-1　自动补氧系统陆生动物呼吸测定装置

A. 呼吸室　B. 玻璃管　C. 耗氧装置　1. 培养皿　2. 动物　3. 铁丝网笼　4. 温度计　5. 水槽　6. 橡皮管
7. 三通管　8. 开关　9. 橡皮管　10. 通向氧气袋的橡皮管　11. 三通管　12. U 形气压计
13. 玻璃管　14. 玻璃管　15. 玻璃管 B 中的液面　16. 开关　17. 玻璃管　18. 玻璃管
19. 玻璃管　20. 连通管　21. 连通管　22. 通路　23. 控制阀

（2）为学生演示仪器的结构原理和使用方法。

（3）该装置由放置实验动物的呼吸室 A、储存替补气体的玻璃管 B 和自动向玻璃管 B 滴水来取代消耗氧气的装置 C 三部分构成。A 底部放培养皿 1，内盛氢氧化钠，以吸收动物 2 所呼出的二氧化碳。动物放在用铁丝网笼 3 中，以限制其过分活动。A 的顶盖密封，以保证不漏气。盖上或侧面有两个孔。

（4）检查仪器是否漏气。

（5）将水槽或温箱的温度用控温仪控制在实验温度上。

（6）测量实验动物的体温和体重（质量），检查性别，做好记录，然后将动物放入铁丝网 3 做成的笼中，再将笼放入呼吸室 A，盖好盖，检查 A 是否密闭后，将 A 沉入水槽中。观察温度计 4 的变化，待呼吸室内温度稳定后进行实验。

（7）呼吸室内温度稳定后，再等几分钟，然后接通 A 与 B 的橡皮管 6。观察动物呼吸，并察看玻璃管 14 处是否自由滴水。若一切正常，则记录玻璃管 B 中液面 15 所示的刻度、呼吸室温度、气温和大气压，同时记录实验开始时间。

（8）每隔 10 min 记录一次玻璃管 B 中液面 15 所示的刻度，注意观察呼吸室温度是否恒定和动物所处状况。实验持续 30 min，记录观测数据后，即可停止实验。

（9）用止血钳在控制阀 23 处夹住，关闭 A 与 B 的橡皮管 6，然后从水槽中取出呼吸室和实验动物，再测量并记录动物的体温。同一只动物一天只进行一次实验。

（10）结果计算：不同时间间隔内 B 管中水面上升的体积即为动物呼吸耗氧的体积，将动物在实验气温、气压状态下耗氧的体积换算到标准状态下（0℃，101.325 kPa）耗氧的体积，还可进而换算成耗氧的质量，除以时间和动物体重，即可求得动物单位时间、单位体重的呼吸耗氧率。

【结果与分析】

（1）综合各组实验结果，以同一温度下金鱼体重为横坐标、动物呼吸耗氧量为纵坐标作图，你能发现什么规律？

（2）以同一温度下动物体重为横坐标、实验动物单位体重呼吸率为纵坐标作图，你能发现什么规律？

（3）综合各组实验结果，以温度为横坐标、实验动物单位体重呼吸率为纵坐标作散点图，还可把陆生动物的实验结果用不同标识放在同一图上，你能发现什么规律？

（4）综合各组实验结果，尝试以体重为斜变量进行斜方差分析，比较不同温度下动物呼吸耗氧量的大小，根据分析结果评价温度对动物呼吸代谢的影响。

【注意事项】

陆生动物呼吸测定时室温变化不能太大，且最好与水温一致，否则结果容易不稳定。

【思考题】

（1）实验的哪些环节容易导致实验误差？怎样减小实验误差？

（2）除温度外，还有哪些因素会影响动物的呼吸耗氧？为什么？

（3）温度对外温动物和内温动物的影响有何不同？如果让你设计一个实验比较温度变化对外温动物和内温动物的影响，你该怎样设计呢？

（牛翠娟）

实验 2.4 | 生物气候图的绘制

植被是指覆盖一个地区的植物群落的总和。某一地区植被的类型，主要取决于该地区的气候和土壤条件，其中的气候条件的影响更为重要。因此，每种气候下都有它特有的植被类型，特别是水热组合状况在决定植被类型中起着重要的作用。Gaussen（1954）认为当以毫米为单位的月降水量小于月平均温度两倍时，即可认定为干旱。据此可作出每个气象站在以横坐标为月份，温度与降水量为两个纵坐标的平面中的降水量和温度图。Walter和 Lieth（1967）采用这一方法作出了生物气候图解，它在植被生态学研究中得到广泛应用。Walter 生物气候图解能较好地反映水、热两者综合的气候特点，是目前解释植被分布规律的一种比较理想的方法。

Walter 生物气候图解主要是用月平均气温和月平均降水量的匹配关系来表示生物气候类型。通常以月平均气温和月平均降水量为两个纵坐标（右边为降水量，左边为温度），两者之间的通常匹配关系为 $P=2T$（其中 P 为月平均降水量，T 为月平均温度），半湿润半干旱地区有时也选择 $P=3T$。用一年中的 12 个月份作为横坐标。在这个平面坐标系中，若降水曲线在温度曲线之上，则该区域称为湿润期，用竖直线填充该区域；若温度曲线在降水曲线之上，则该区域称为干旱区，用小黑点填充该区域，如图 2-2 所示。

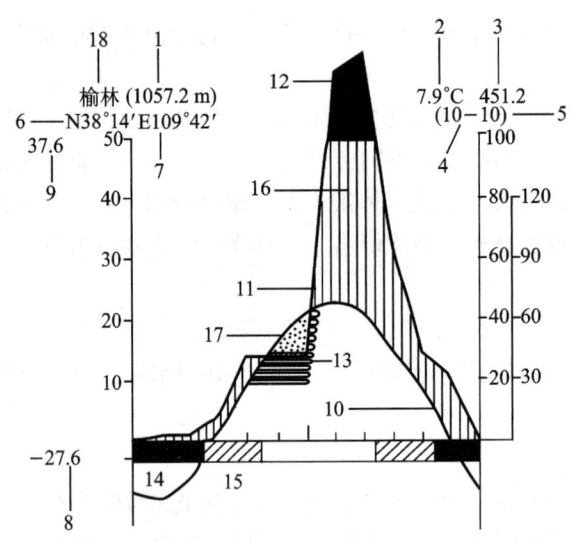

图 2-2 生物气候图解（引自中国植被编辑委员会，1980）

1. 海拔高度　2. 年平均温度（℃）　3. 年平均降水量（mm）　4. 温度的观测年数　5. 降水的观测年数　6. 北纬　7. 东经　8. 绝对最低温度（℃）　9. 绝对最高温度（℃）　10. 月平均温度曲线　11. 月平均降水量曲线　12. 月平均降水量超过 100 mm（黑色区域）　13. 降水量曲线，刻度降到 1 刻度（10℃）= 30 mm，水平线区域，半干旱期　14. 最低月均温度低于 0 的月份（黑色区域）　15. 绝对最低温度低于 0 的月份（斜线条区域）　16. 湿润期（直线条区域）　17. 干旱期（小黑点区域）　18. 站名

【实验目的】

（1）掌握生物气候图的绘制方法。

（2）加深理解植被分布与气候之间的相互关系，并预测研究区域的地带性植被类型及其特点。

【实验器材】

1. 气象资料

我国主要省、区近几十年来气象台站的逐月年平均降水量和年平均温度资料（或者能够收集到的世界其他地区多年的逐月年平均降水量和年平均温度资料）以及最低、最高温度等气象数据。

2. 实验器材

坐标纸，直尺，铅笔，橡皮。

【方法与步骤】

1. 气象数据的整理

根据收集到的多年气象数据，计算出实验用数据的气象站点的逐月年平均降水量和逐月年平均温度；统计出最低月均温度低于 0℃的月份和绝对最低温度低于 0℃的月份。

2. 坐标轴刻度的确定

（1）按 $P=2T$ 分别建立两条纵轴（降水与温度）的坐标刻度值，每个刻度的大小视站点逐月平均温度和平均降水量的具体数值大小而定，如月平均温度曲线 1 刻度（即 1 格）等于 10℃，则月平均降水刻度 1 格等于 20 mm。有时对于一些半湿润半干旱区来说，可选择 $P=3T$，即降水轴在春季时，1 刻度（10℃）=30 mm，此区域称为半干旱期。

（2）以两条均分为 12 段（代表 12 个月）的平行直线作为横坐标，并从左至右依次标出 1 月、2 月、3 月……12 月。

3. 生物气候图的绘制

根据上述确定的坐标体系以及计算出来的逐月年平均降水量和逐月年平均温度，在坐标纸上绘制年平均降水量曲线和年平均温度曲线，并标定图示。

（1）将降水曲线与温度曲线相交的区域填充不同的标示符。如果温度曲线在上，降水曲线在下，两者间的区域表示干旱期，将此区域用小黑点填充。

（2）如果温度曲线在下，降水曲线在上，两者间的区域表示湿润期，将此区域用细黑竖线填充。

（3）当月平均降水量超过 100 mm 时，此时降水轴的刻度值在 100 mm 以上的刻度缩小 1/10，月平均降水量超过 100 mm 的月份所覆盖的区域用黑色填充。

（4）在降水轴的上方，标明该站点的年均温度和年均降水量。

（5）在温度轴的上方标明该站点的海拔高度和经纬度，并在温度轴上方的外侧，标出绝对最高温度；在温度轴与横轴相交处的外侧，标出绝对最低温度。

（6）在双线横轴上将最低日均温度低于 0℃的月份用黑色填充；将绝对最低温度低于 0℃的月份用斜线条填充。

（7）在生物气候图解的左上方注明站点的名称。

【思考题】

（1）低纬度地区与高纬度地区、沿海地区与内陆地区相比，生物气候图有什么不同？

（2）在年降水量与年平均温度基本一致而一年中春、夏、秋、冬四季降水量分布不同时，生物气候图有什么不同？

（娄安如）

实验 2.5 | 树木年轮与气候变化之间相互关系的测定

根据树木年轮的变化推论过去气候的科学被称为年轮气候学。由于地球绕太阳的公转，在地球表面从赤道到两极，形成了明显的气候带。除热带外，其他气候带的气候都有较为明显的季节性变化。树木的生长与其生长地的气候具有明显的相互关系。树木一般每年形成一个生长轮，即年轮。年轮宽度和气候条件有十分密切的关系。在温暖湿润的年份，树木生长快，年轮宽度大；在寒冷干旱的年份，树木生长慢，年轮宽度小。因此测定树木年轮宽度的差异，可以获得过去气候变化的信息，推论出某些气候要素的变化状况，弥补历史气候资料的不足。掌握植物生长与气候变化之间的相互关系。

世界上许多年轮气候学家对年轮形成的生理过程与气候的关系做了深入剖析，对样本树种的选择和年轮序列的统计分析等有了新的认识，逐步建立了年轮气候学的基本原理和分析方法。

测定树木年轮的方法与仪器有很多种。Win/MacDENDRO 年轮图像分析仪器是测量和分析植物年轮的系统之一。该年轮图像分析仪器是一款多平台图像分析系统，与扫描仪匹配，专门适用于盘状的木材截面或柱状的木材钻心样本年轮的测定。

【实验目的】

（1）通过对盘状木材截面或柱状木材钻心样本年轮的测定，掌握年轮图像分析系统仪器的使用。

（2）了解植物生长与气候变化之间的密切关系。

【实验器材】

盘状木材截面，柱状木材钻心取样钻，柱状木材钻心样本，WinDENDRO 年轮图像分析仪器，Windows 操作系统计算机。

具体要求：

请你根据得到的实验材料以及 WinDENDRO 年轮图像分析仪器，设计一个实验方案，该实验要完成以下内容：

（1）测定出给你需要测定的树木实验材料的年龄。

（2）绘制出年轮随时间的变化曲线。

（3）解释并推断该树木在生长发育过程中，当地气候的变化规律以及局部环境是否对该树木的生长有影响。

附：WinDENDRO 的使用

1. 将盘状木材截面放在扫描仪上

将要测定年轮的盘状木材截面朝下放在扫描仪上，用于图像扫描。你可以扫描整个盘状木材截面，不过这样会占据很大的内存。也可以只扫描从髓心到树皮几毫米或几厘米宽度的窄条部分。

2. 数字化样品

点击 WinDENDRO 主窗口中的扫描开始键得到盘状木材截面样品的扫描图像。WinDENDRO 直接控制扫描仪，不需要其他的软件。WinDENDRO 能够兼容多种扫描仪，可以从不同的扫描仪中得到扫描图像。通常情况下，扫描过程只需要 10～40 s 的时间就可以完成（这主要依扫描图像的大小而定），扫描完成后，图像将直接显示在荧光屏上。WinDENDRO 也可以分析由其他扫描软件得到的 TIFF 图像文件，还可以分析数码相机或摄像机得到的图像。

3. 年轮的测定

在获得木材截面样品的扫描图形后，就可以进行图像分析了。WinDENDRO 年轮图像分析系统就可以完成该项工作。当年轮图像分析完成的时候，年轮曲线将会显示在屏幕上，同时年轮与年轮之间的宽度也可以测出。

4. 树木年轮的确定

为了使树木年轮的统计更加准确，必须使用 WinDENDRO 系统进行树木年轮的矫正。WinDENDRO 树木年轮矫正系统是半自动系统，必须通过多次浏览扫描图像查找丢失或错误的年轮，才能最终得到该树木正确的年轮数目。

5. 数据储存与分析

WinDENDRO 系统具有自己的文件格式，这种格式适用于许多其他的现代分析程序。

【思考题】

请你在生活的环境区域内，采集油松和杨树的柱状木材钻心样本，用上述方法分别绘制年轮随时间的变化曲线，并简要解释当地气候的变化规律和油松与杨树生长的差异。

（娄安如）

实验 2.6 | 光周期对动物生长和性腺发育的影响

光周期是影响动物行为与生理活动的重要生态因子。许多动物的行为（如运动和摄食）与生理活动随光的变化具有明显的节律性，还有多种动物以光周期的变化为信号启动换毛、换羽、迁移、发情或性腺发育。但也有许多动物对光周期的变化不敏感，这与动物所处生境及动物的生存策略有关。

本实验让同学们自行设计实验方案，观测光周期对一些动物的生长和性腺发育是否有影响。该实验目的不在于给出正确的答案，而在于提出正确的问题和寻求解答问题的过程。

【实验目的】

（1）锻炼学生做合理的实验设计，实验设计时要考虑对象生物，可利用的时间、空间、器材和花费。

（2）培养学生提出问题、进行实验观测以及分析问题、解决问题的能力。

（3）了解光周期对生物的影响。

【实验材料】

1. 实验动物

幼鱼（斑马鱼、虹鳟鱼或鲤鱼）或幼龟、幼鳖、幼鼠。

2. 仪器与设备

饲育槽，饲料，灯泡，定时器，天平，解剖用具等。

【方法与步骤】

（1）在实验前一周将学生分成几个大的实验组，每组抽取一种实验动物，告知学生要研究的问题和实验室备有的器材，让学生查文献进行实验设计。

（2）实验时，各组学生首先报告自己的实验设计方案，大家讨论其合理性。然后各组根据自己的设计方案开始实验。实验开始前将动物饥饿 24 h 排空消化道后称重。在不同光周期实验处理下饲育动物，每天投喂一次，组中成员可轮流负责饲喂动物和称重的工作。实验持续 2~3 周。

（3）饲育实验结束后，饥饿 1 周，让动物排空消化道内的食物后，擦干净身体上的水分，称重。然后迅速将动物置于冰冻环境下使其进入冷昏迷状态，然后处死，在冰上解剖，取出内脏后再称取胴体重和性腺重。

$$\text{特殊生长率（specific growth rate）} SGR = \left[(\ln m_2 - \ln m_1)/(t_2 - t_1)\right] \times 100\%$$

式中 m_1 和 m_2 分别为动物饲育实验开始前和结束后的体重，$t_2 - t_1$ 为饲育时间。

$$\text{性腺指数（gonad somatic index）} GSI = m_g / m_b \times 100\%$$

式中 m_g 和 m_b 分别为动物的性腺重和胴体重。

（4）实验结束后各组汇报自己的研究结果，讨论实验中出现的问题并分析原因，最后提交研究小论文。

【注意事项】

（1）首先根据研究目的和自己所掌握的文献资料对研究结果做一个预期，提出自己实验要论证的假说（如在本实验中，假定 H_0：光周期对鱼的生长没有影响，H_1：光周期对鱼的生长影响显著）。

（2）根据资料设定实验处理条件（如在本实验中，设定对照组 12 L : 12 D，长光照组和短光照组），注意实验组中设计平行。

（3）确定实验方法与步骤，根据文献资料确定恰当的观测指标（如在本实验中，可以特殊生长率 SGR 为生长指标，以生殖 / 体重指数 GSI 为性腺发育指标）。

（4）采用适当的统计工具分析自己所得的实验数据，评价数据的可信度及实验误差产生的原因。

（5）实验设计开始前列一个如下的大纲，会对实验有帮助：

实验人：＿＿＿＿＿＿＿＿

日期：＿＿＿＿＿＿＿＿

生物：＿＿＿＿＿＿＿＿

实验过程中的生态因子：＿＿＿＿＿＿＿＿＿＿＿＿＿＿＿

实验观测环境因子：＿＿＿＿＿＿＿＿＿＿＿＿＿＿＿＿＿＿

实验处理条件：＿＿＿＿＿＿＿＿＿＿＿＿＿＿＿＿＿＿＿

生物观测指标：＿＿＿＿＿＿＿＿＿＿＿＿＿＿＿＿＿＿＿

实验生物在其自然生境中所经历的受试环境因子的变化：＿＿＿＿＿＿＿＿＿＿

假定：H_0：＿＿＿＿＿＿，H_1：＿＿＿＿＿＿

（6）实验设计时应考虑以下问题：

① 你怎样创建你的实验处理条件？

② 怎样观测你的实验动物对实验处理的反应？

③ 你的实验需要对照组吗？以什么为对照？

④ 在实验过程中，你需要保持哪些因素恒定或一致才不会影响结果分析？如何做到恒定或一致？

⑤ 每个实验组内设几个平行组？

⑥ 按实验过程详细写出每一步操作方法，所需仪器、药品、时间等。

⑦ 哪些因素的自然差异会使你的观测结果产生偏差？导致实验误差的因素有哪些？如何减小这些实验误差？

【思考题】

（1）光周期对动物行为或生理活动产生影响的机制是什么？

（2）除了实验中让你观测的指标外，光周期还可能对实验动物的哪些性状产生影响？

（牛翠娟）

实验 2.7 ｜ 渗透压及其对细胞的影响

　　水构成了生物体的大部分，生物生命活动所需的大部分营养物质依靠水来运输，并与外界进行物质交换。所以，生物体的体液、细胞液都是保持一定浓度的溶液，靠细胞膜与外界隔开。细胞膜是具有不同渗透性的半渗透膜，当膜内外溶液溶质浓度不同时，水及其他一些小分子可通过扩散作用进出细胞膜，导致细胞渗透压的改变。渗透压是高浓度溶液所具有的吸引和保留水分子的能力，其大小与溶液中溶质的含量正相关。生物细胞必须维持在一定的渗透压范围内才能进行正常的生命活动。而水生生物生活的水环境，不论是淡水还是海水，其渗透压都与水生生物体液渗透压有所不同，陆地生物则处于缺水的环境中，面临失水的威胁。为此，生物在进化中发展了许多方式，通过自身的某些结构或生理活动来调节体液的渗透压，以适应环境渗透压的变化。有些生物（如虾、蟹等无脊椎动物）细胞可忍受较宽范围的渗透压变化，体液渗透压随外界环境渗透压的改变而改变，为渗透压顺应者，而有些生物（如硬骨鱼类）则可通过行为、身体结构、生理活动等多种方式保持自身体液渗透压的稳定，为渗透压调节者，陆生生物则进化出各种性状来防止失水，以保持体液渗透压的平衡和稳定。

热驱动物质分子做布朗运动，使溶质分子在溶液中沿着浓度梯度由高到低定向主动扩散。扩散的速度取决于浓度梯度的大小和分子的质量。温度和压力也会对扩散产生一定的影响。渗透作用是水分子通过具有不同渗透性的渗透膜进行的扩散运动，其规律与扩散类似。因为水是生物细胞液的溶剂，所以渗透作用对生物细胞产生重要影响。

【实验目的】

（1）了解什么是渗透压，哪些因素会影响渗透作用。

（2）直观了解渗透作用会对细胞产生何种影响。

（3）通过实际观测，加深对不同生物渗透压调节方式的理解。

【实验器材】

1. 实验动物

兔，草履虫，淡水鱼（如金鱼），海水鱼（如鲑鱼或观赏用海水鱼），南美白对虾。

2. 仪器与试剂

氯化钠，1.5 mL Eppendorf 管，1 mL 注射器，显微镜，药棉，75% 的乙醇，单凹载玻片，计时器，渗透压计，离心机，淡水，海水。

【方法与步骤】

1. 溶血现象观测

（1）配制 0、3、6、9、12、18 g/L 的氯化钠溶液，各取 1 mL 放入标上号的 Eppendorf 管中。

（2）在兔耳上找到静脉血管，轻揉该处使血液充盈，用 75% 的乙醇消毒，用肝素处理过的注射器采新鲜兔血 1 mL 左右，分别滴一滴于装有不同盐溶液的试管内，记录时间，摇匀混合液。有些混合液会逐渐变透明，记录混合液变透明的时间。

（3）另用吸管从各管中取一滴混合液分别滴在标好号的单凹载玻片上，在显微镜下观察血红细胞形态的变化并画图记录。

2. 草履虫的渗透压调节

（1）配制 0、0.5、1、3、6、9 g/L 的氯化钠溶液，在载玻片上涂上薄薄一层凡士林，标上号。

（2）往标好号的载玻片上分别滴上一滴上述氯化钠溶液，再往其中加入少许草履虫培养液，从一端小心地盖好盖玻片，用吸水纸将溢出的水分吸干，放在显微镜下观察，找到草履虫的收缩泡。

（3）记录单位时间收缩泡收缩的频率，比较各组间收缩频率的异同。

3. 不同动物渗透压的观测

（1）分别采用养在淡水中的南美白对虾、淡水鱼和养在海水中的海水鱼进行实验，用肝素处理过的注射器抽取血液，虾从头胸甲边缘将针头插入心脏取血，鱼从尾静脉取血，将血液放在 Eppendorf 管中，以 3 000 r/min 的转速离心 3 min，分离出血清。

（2）用渗透压计分别测定不同动物的渗透压。

（3）将上述所有动物放在 20‰ 的咸水中 2 h，记录动物的反应，并重复步骤（1）和（2），记录处理后动物的血浆渗透压。

【思考题】

（1）哪一个浓度下混合液变透明的时间最短？为什么？

（2）以浓度为横坐标、草履虫收缩泡收缩的频率为纵坐标在图上打点，你能发现什么规律？

（3）将不同动物在实验前的渗透压及实验后的渗透压用柱形图标在一张图上，你有何发现？

【探索性实验】

（1）将你的手放在蒸馏水中 15 min，观察发生的现象并解释原因。

（2）根据上述实验，设计一个实验测定草履虫细胞液的渗透压。

（牛翠娟）

实验 2.8 ｜ 环境因子（水）对植物结构的影响

水分是影响植物生长发育的重要因子，根据植物与生长环境的关系，把植物分为水生植物、中生植物和旱生植物，后两者又合称为陆生植物。水生植物生长在水中，依据其生活型又可分为沉水植物、浮水植物和挺水植物。生长在不同环境中的植物，在演化过程中会形成一些适应环境的结构特征，其中以叶的结构变化最为显著。

【实验目的】

（1）掌握生长在不同环境下的植物器官的结构特点。

（2）理解植物器官的结构特点对植物生长发育及其对环境适应的意义。

【实验器材】

1. 植物材料

眼子菜叶横切永久制片，睡莲叶横切永久制片，苇叶横切永久制片，夹竹桃叶横切永久制片，荆条叶横切永久制片，茇茇草叶横切永久制片；眼子菜茎横切永久制片，狐尾藻茎横切永久制片，黑三棱茎横切永久制片；毛茛根横切永久制片，苇根横切永久制片。

2. 仪器与设备

显微镜，载玻片，盖玻片，双面刀片，毛笔，培养皿，滤纸，滴管等。

【方法与步骤】

（一）水生植物叶的结构

1. 眼子菜（沉水植物）叶横切永久制片观察

表皮无角质膜，也没有气孔器，但表皮细胞中含有叶绿体。叶肉细胞不发达，仅由几层没有分化的细胞组成，没有栅栏组织和海绵组织的分化。在靠近主脉处，叶肉细胞形成大的气腔。叶脉的木质部导管和机械组织都不发达。

2. 睡莲（浮水植物）叶横切永久制片观察

上表皮具角质膜，并有气孔器分布，细胞中没有叶绿体；下表皮没有气孔器，细胞中有时含有叶绿体。叶肉有明显的栅栏组织和海绵组织的分化，栅栏组织在上方，细胞层数多，有4～5层细胞，含有较多的叶绿体；海绵组织在下方，形成十分发达的通气组织，其中有星状石细胞分布。在栅栏组织和海绵组织之间有小的维管束，海绵组织中的维管束较大，维管组织特别是木质部不发达；大的叶脉维管束包埋在基本组织中，在维管束和下表皮之间有机械组织分布。

3. 苇（挺水植物）叶横切永久制片观察

表皮细胞外具有较厚的角质层；在表皮中有成对的保卫细胞形成的气孔器，上表皮气孔器少，而下表皮较多；上表皮中还有一些体积较大的细胞，常几个连在一起，中间的细胞最大，叫泡状细胞，分布在上表皮肋状突起间的凹陷处。叶肉没有栅栏组织和海绵组织的分化，细胞比较均一，细胞内均含有叶绿体。叶脉维管束外有两层维管束鞘，外层细胞较大，壁薄，含有叶绿体；内层细胞小，壁厚。维管束的上、下两侧具有厚壁细胞，一直延伸到表皮之下。

（二）旱生植物叶的结构

1. 夹竹桃（硬叶植物）叶横切永久制片观察

表皮外有厚的角质膜，表皮细胞为2～3层细胞形成的复表皮，细胞排列紧密，细胞壁厚；下表皮有一部分细胞构成下陷的窝，窝内有表皮细胞形成的表皮毛，毛下有气孔分布。在上、下表皮之内都有栅栏组织，栅栏组织由多层细胞构成，细胞排列非常紧密，胞间隙少；海绵组织位于上、下栅栏组织之间，细胞层数较多，胞间隙不发达。在叶肉细胞中常含有簇晶。叶脉维管束发达，主脉很大，为双韧维管束。

2. 荆条（薄叶植物）叶横切永久制片观察

叶上、下表面均有覆盖物，上表皮形成单细胞的毛；下表皮为单列细胞的毛，弯曲后彼此重叠；气孔器分布在下表面。栅栏组织发达，多层细胞紧密排列，胞间隙少；海绵组织胞间隙不发达，但在气孔下方有大的孔下室。叶脉维管束分布密集，主脉及较大的维管束上下方有机械组织分布，小脉的维管束鞘一直延伸到表皮下。

3. 芨芨草（卷叶植物）叶横切永久制片观察

叶中大小不同的维管束交替排列，大维管束的部分在近轴面形成隆起，而小维管束的部分在近轴面形成凹陷，这样在两个大维管束之间产生了沟。表皮具厚的角质膜，在隆起处最厚，沟底和沟的两侧相对较薄；气孔器和表皮毛也分布在沟底和沟的两侧；表皮细胞细胞壁厚，但在大小叶脉之间的上表皮细胞为薄壁的泡状细胞。叶肉没有栅栏组织和海绵组织分化，在隆起处表皮下为几层厚壁细胞，同化组织分布在沟底和沟两侧的表皮下，细胞排列紧密。叶脉维管组织发达，有明显的维管束鞘，大小维管束鞘向下延伸至表皮下，但小维管束上方为同化组织，而大维管束鞘则向上延伸至表皮下的厚壁细胞。

4. 芦荟（多浆植物）叶横切永久制片观察

表皮细胞壁厚，有厚的角质膜，并有气孔器分布。表皮下为几层细胞组成的同化组织，在同化组织之内是一些大而无色的薄壁细胞，为储水组织。在同化组织和储水组织之间有一轮维管束分布，其维管组织和机械组织均不发达。

（三）水生植物茎的结构

1. 眼子菜（沉水植物）茎横切永久制片观察

表皮细胞砖形，有一薄的角质膜，其内常有叶绿体。皮层细胞中亦含叶绿体，分布有发达的通气组织；有明显的内皮层，其上有凯氏带加厚。维管束中木质部退化，导管壁薄或形成由一圈木薄壁细胞包围的空腔。髓薄壁细胞排列疏松。

2. 狐尾藻（沉水植物）茎横切永久制片观察

同为沉水植物，狐尾藻茎与眼子菜茎不同。狐尾藻的皮层在茎中比例较大，表皮下有几层退化的厚角组织，厚角组织内形成一圈轮辐状的通气组织。中柱的结构与中生植物相似，有发达的木质部。

3. 黑三棱（挺水植物）茎横切永久制片观察

表皮及表皮下的厚角组织与一般单子叶植物茎类似，不同的是基本组织中形成了发达的通气组织，维管束散生在通气组织中。

（四）水生植物根的结构

苇根横切永久制片观察：与一般中生植物不同的是，皮层外侧有一圈厚壁组织环，环下的皮层细胞形成了发达的通气组织，而内皮层的五面加厚及中柱结构与一般单子叶植物根结构相似。

【思考题】

（1）沉水植物、浮水植物和挺水植物叶在结构上分别有哪些特点？这些特点是如何与其所处的环境相适应来满足植物生长发育需要的？

（2）旱生植物叶在结构上出现哪些适应环境的特征？这些特征在植物抵御干旱环境中的作用是什么？

【探索性实验】

采集校园内的不同生态型植物，利用徒手切片的方法，对其根茎叶结构进行观察，分析其适应水生或旱生环境的结构特点。

蕨类植物的颈卵器与苔藓植物的颈卵器不同，颈部比较短，有的只包含一个颈沟细胞。裸子植物（除百岁兰属和买麻藤属外）的颈卵器结构简单，绝大部分埋藏于胚囊中，仅有 2～4 个颈壁细胞形成突起，颈卵器内有一个卵细胞和一个腹沟细胞，没有颈沟细胞。被子植物中已经看不出颈卵器的痕迹。

（刘　宁）

第三部分
种群生态学

实验 3.1 │ Lincoln 指数法估计种群数量大小

标记重捕法（mark-recapture techniques）通常用于估计在一个有比较明显界限的区域内的动物种群数量大小。具体做法是：在该区域内捕捉一定数量的动物个体并对其进行标记，然后放回，经过一个适当时期（让标记动物与种群其他个体充分混合）后，再进行重捕。根据重捕样本中标记者的比例，估计该区域种群的总数。其原理是标记动物在第二次抽样样品中所占的比例与所有标记动物在整个种群中所占的比例相同。标记重捕法的方法很多，其中 Lincoln 指数法是常用的方法之一。

在运用 Lincoln 指数法进行种群数量估计时，必须满足下列假设条件，才能使种群数量估计比较准确：

（1）标记方法不能影响个体的正常活动。

（2）标记保留的时间不能短于整个实验时间。

（3）第二次取样之前标记个体必须在自然种群中充分混合。

（4）不同年龄的个体具有相等的被捕概率。

（5）种群是封闭的，即没有迁入或迁出，如果有，迁入或迁出的数值必须能够测定。

（6）实验期间没有出生或死亡，如果有，出生或死亡的数量必须能够测定。

Lincoln 指数法的基本公式：

$$\frac{p}{a} = \frac{n}{r}$$

式中：p——种群总数；

a——最初标记数；

n——取样总数；

r——样本中标记个体数。

【实验目的】

（1）通过 Lincoln 指数法估计种群数量，使学生掌握标记重捕技术。

（2）理解 Lincoln 指数法在统计种群数量中的重要作用。

【实验器材】

黑色与白色围棋子各至少 300 枚（代替实验动物），标记笔，50 mL 或 80 mL 的烧杯，黑色布袋，托盘等。

【方法与步骤】

（1）每 3 人一小组，每小组取一个黑布袋，每袋装入由实验教师发的白色围棋子若干（一般 250 个左右），但每组所装棋子数不等。

（2）每组再分别装入黑色棋子 50 个左右（相当于标记的动物），并将具体数目填入表 3-1 中。

（3）将黑色棋子与布袋中原有的白棋子混合均匀。

（4）用 50 mL 烧杯随机取一烧杯棋子，记录 50 mL 烧杯中总棋子数和黑棋子数，并填入表 3-1 中。

（5）重复方法与步骤（3）和（4）5 次。

（6）计算 p 值。用 n 表示每次所取棋子（相当于样本）全部个数，r 表示每次取样样本中标记的棋子个数（黑棋子数），a 表示最初标记棋子数（总的黑棋子数）。

（7）对计算出的 5 个 p 值，求其平均数：

$$p = \frac{p_1 + p_2 + p_3 + p_4 + p_5}{5}$$

式中：p_1——第 1 次计算出的布袋中围棋子的总数，$p_2 \sim p_5$ 同理。

再数出布袋中所装围棋子的实际数量（黑白棋子数之和），并比较总数估算值 p 和总数实际值 P。

表 3-1 Lincoln 指数法实验记录

次数	1	2	3	4	5	a	总数估算值的平均值 p	总数实际值 P
n								
r								

【思考题】

Lincoln 指数法调查中的使用范围是什么？其可靠程度如何？

【探索性实验】

取样计数过程中，一半实验组用 80 mL 的烧杯，另一半实验组用 50 mL 的烧杯，并比较实验结果。

（娄安如）

实验 3.2 │ 去除取样法估计种群数量大小

去除取样法又称移动诱捕法，是用相对估计法估计种群绝对量。假定在调查期间种群内个体没有出生，没有死亡，也没有迁出和迁入；每次捕捉时，所有动物被捕概率相等。随着连续地捕捉，种群数量逐渐减少，因而花同样的捕捉力量所取得效益、捕获数就逐渐降低。同时随着连续地捕捉，逐次捕捉的累计数逐渐增大。因此将逐次捕捉数（作为 y 坐标轴）对捕获累计数（作为 x 坐标轴）作图，就可以得到一条回归线（图 3-1）。回归线与 x 轴的交点（$y=0$ 时）表示原种群大小，回归线的斜率代表捕获的概率。

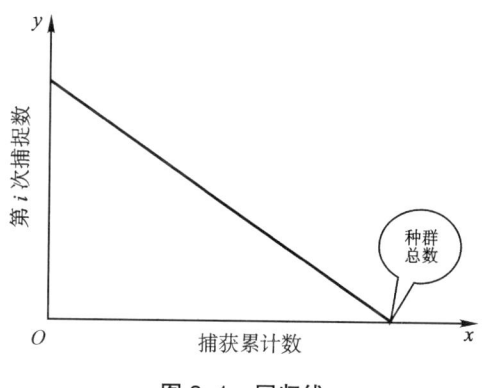

图 3-1　回归线

对于去除取样法所获得的数据，可以通过回归分析的方法，最终求出种群的数量。
回归方程：

$$y = a + bx$$

根据一元线性回归方程的统计方法，a 和 b 可以用下面的公式求得：

$$a = \bar{y} - b\,\bar{x}$$

$$b = \frac{\sum\limits_{i=1}^{n}(x_i - \bar{x})(y_i - \bar{y})}{\sum\limits_{i=1}^{n}(x_i - \bar{x})^2}$$

式中： a——回归直线与 y 轴的交点到 x 轴的距离，也称为直线的截距；

        b——回归线的斜率，也称为捕获率；

        x_i——累计捕获动物数量或累计取出棋子的数量，$\bar{x} = \dfrac{1}{n}\sum x_i$；

        y_i——每次或每天捕获动物数量或取出棋子的数量，$\bar{y} = \dfrac{1}{n}\sum y_i$；

        n——抽样总次数。

【实验目的】

（1）通过去除取样法估计种群数量大小，使学生们深刻理解去除取样法的基本原理，掌握去除取样法估计种群数量大小的技术。

（2）了解在运用去除取样法进行种群数量估计时，必须满足什么条件才能使估计比较准确。

【实验器材】

黑色与白色围棋子若干，50 mL 烧杯，黑色布袋，托盘，计算器等。

【方法与步骤】

（1）每 3 人一小组，每小组取一个黑布袋，每袋装入由实验教师发的白色围棋子若干（一般 250 个左右），但每组所装棋子数不等。

（2）用 50 mL 烧杯随机取一烧杯棋子，记录 50 mL 烧杯中总棋子数，并不再将这些棋子放入布袋中，但是要用相同数量的黑色的围棋子替代白棋子再放入布袋中，这样才能保证布袋中的每个棋子被抽的概率相同。填入表 3–2 中。

（3）重复方法与步骤（2）4 次，并将取出的棋子数填入表 3–2 中。

（4）用最小二乘法计算出种群的数量大小。

表 3–2   每次取出棋子的数量与累计取出棋子数量的统计分析

抽样次数	每次取出棋子数（y_i）	累计取出棋子数（x_i）	$y_i-\bar{y}$	$x_i-\bar{x}$
1				
2				
3				
4				
5				

求得 a 与 b 的值后，即可得到种群大小的估计值：

$$x\,（当 y=0 \text{ 时}）= -\frac{a}{b}$$

【注意事项】

为了保证所估计的种群数量大小准确，在每次取样时，关键是要保证所有要取的棋子被取概率相等。例如，具体操作时，可以用黑色棋子代替取出的白色棋子再放入布袋中，反之亦然。

【思考题】

（1）采用什么取样方法可以使每次取样时每个棋子被取到的概率相等？

（2）在实验过程中，对布袋中的棋子或野外欲捕的动物必须做出什么样的假设，本方法才可以使用？

（3）如果所得的数据不能进行线性回归，原因是什么？

（4）去除取样法是否适用于所有的种群？为什么？

（娄安如）

实验 3.3 | 植物种群密度和分布型的野外观测

植物和固着型动物（藤壶、牡蛎等）、底栖动物的种群密度通常采用样方法或样线法来进行估测。在进行种群分析时，仅给出种群密度指标往往不够，还要给出种群的空间分布状态（dispersion or population distribution）。例如，在用样方法取样时，可应用 Poisson 数学模型，以样本方差与平均值的比值判断种群的分布型（dispersion pattern of a population）。比值为 0 时属于均匀分布，比值为 1 时属于随机分布，比值大于 1 时为集群分布。此外，还有一些方法如 Clark-Evans 最近邻距离法，在估测种群的空间分布时不需要样方和 Poisson 分布，应用到野外工作中往往更容易些。

在本实验中，我们将在野外实地练习应用样方法估测种群密度和 Clark-Evans 最近邻距离法 [Clark-Evans nearest neighbor distance（NND）method] 估测种群的分布类型。该实验可在有条件的校园内或野外实习时做。

【实验目的】

（1）通过实验操作，掌握种群野外调查和采样的基本方法。

（2）学会利用样方法估测种群密度和 Clark-Evans 最近邻距离法估测种群的分布型。

【实验原理】

在测定大面积范围内的植物种群数量时，由于难以对所有生物个体——计数，必须进行抽样估测的办法。最简单且常用的方法是用一定面积的方框（样方）在研究样地范围内随机采样，采样的范围要尽量覆盖整个样地，然后对每个样方内出现的个体进行计数，再应用统计学方法求样本平均值，即可估测整个样地的平均种群密度。这样的方法即样方取样法。对于一些密集丛生的植物（如杂草），计数困难，也可以用该植物在样方内所覆盖面积的比例来表示种群密度。如上所述，样方取样数据要符合 Poisson 分布，用该方法还可以判断植物的空间分布型。

Clark-Evans 最近邻距离法通过测量随机选取的生物与其周围距离最近的个体之间的距离来描述该种生物的空间分布型。均匀分布的种群，其最近邻的平均距离会比较大，而集群分布的种群该距离较小，随机分布的种群最近邻的平均距离介于上述两种分布型之间。该方法的原理是观测随机抽取的生物个体与其周围距离最近的个体之间距离的平均值，以此作为观测值（Observed NND），将该值与同样密度下预期的随机分布种群的 NND（Expected NND）进行比较，如果观测 NND 与预期 NND 值相等，种群随机分布；观测 NND 大于预期 NND，为均匀分布；观测 NND 小于预期 NND，为集群分布。用 t 检验或方差检验来判断两者是否有统计学显著差异。

该方法的缺点是要先用样方法等估测一下种群密度。

【实验器材】

GPS 定位仪，带有 10 cm×10 cm 格子的 1 m² 方框（可用细铁丝弯成所要规格的方框，再用绳子绑在框上做成小格子），记录表格，每组两套随机数字（1~100），笔，小旗，长绳，卷尺等。

【方法与步骤】

1. 样方法估测杂草密度（覆盖面积）

（1）找一块以某种草为主的草地，确定草地的范围。

（2）将学生分成几个大组，每个大组内每两人一个小组，各小组分工合作，完成整块样地的观测。

（3）从样地一边开始，向一个方向前进，每走一定的步数，随机投掷一次样框，记录样框内该种草的覆盖面积比例，以整个样框内面积为 100 计算。各小组完成一条样带，整个大组完成全样地的观测。

2. Clark-Evans 最近邻距离法判断树木的分布型

（1）选一片树林（最好是自然林），确定所观测林地的范围。用 GPS 定位仪确定样地的地理位置。

（2）在样地一边用长绳划出一条 100 m 的基线，在线上每隔 10 m 处插上标号小旗。

（3）从第一套随机数字中抽取一个数字，代表在基线上从 0 点到某点的长度。再从第二套随机数字中抽取一个数字，代表垂直于基线伸向样地内的一条线的长度。以由这两个随机数字所确定的坐标点为中心点，用绳圈出一块 14 m×7 m 的样方，使样方的长轴与基线平行。计数该样方内所调查树木的棵数，以树干至少有一部分在样方内为准。

（4）重复以上操作若干次，将各组的计数结果综合在一起，求该样地树木的平均密度。

（5）利用上述随机数字确定坐标法随机抽取树木个体，用卷尺测量该树到距其最近的另外一棵树之间的距离（r），至少重复该操作 30 次。做好记录。

（6）将各组数字记录综合到一起，计算平均最近邻距离。公式如下：

$$R_O = \frac{\sum r_i}{n}$$

式中：r_i——最近邻距离；

$\quad\quad n$——观测次数。

【结果与分析】

（1）植物密度数据各组分别计算，比较实验结果，再将各组结果组合在一起计算实验结果。分析采样次数对结果有何影响。

（2）在应用 Clark–Evans 最近邻距离法判断树木分布型的实验中，首先依据所求得的树木平均密度，计算随机分布状态下树木预期最近邻距离：

$$R_E = \frac{1}{2\sqrt{d}}$$

式中：d——每平方米树木的数量。

然后计算 Clark–Evans 分布指数 R：

$$R = \frac{R_O}{R_E}$$

$R=1$，为随机分布，$R<1$ 为集群分布，$R>1$ 为均匀分布。

结果有意性的统计检验采用如下公式：

$$s = \frac{0.261}{\sqrt{nd}}$$

式中：s——预期平均距离的标准偏差；

$\quad\quad n$——样本数；

$\quad\quad d$——树木密度。

$$z = \frac{|R_O - R_E|}{s}$$

如果 $z<1.96$，预期值与观测值之间没有显著差异，为随机分布；如果 $z>1.96$，预期值与观测值之间差异显著，根据 R 值的大小，或为均匀分布，或为成群分布。

【思考题】

（1）样方大小会影响实验结果吗？怎样影响？

（2）本实验的两种密度和分布型的测定方法适用于哪些生物？在什么环境下适用？

（牛翠娟）

实验 3.4 | 生命表的编制

生命表是表达种群死亡过程的有力工具。通过编制生命表，可获得有关种群存活率、存活曲线、生命期望、世代净增殖率、增长率（综合生命表）等有重要价值的信息。根据生命表所列数字的来源和类型，可将生命表分为动态生命表（又称同生群生命表，追踪同生群存活数和死亡数作为基本数据列入表中）、静态生命表（根据一次大规模调查，以不同年龄个体存活数作为基本数据列入表中）和综合生命表（在上述生命表中加入代表世代繁殖信息的数据）。建立野外生物的动态生命表往往需要结合运用标记重捕技术，而且该方法由于要追踪生物从出生到死亡的整个过程，不太适用于寿命很长的生物的研究。静态生命表的编制需要一次大量采集数据，以使样品能够代表整个种群的构成，而且由于不同生群之间出生率、死亡率不尽相同，容易出现较大的误差。

【实验目的】

（1）通过实验操作，掌握生命表的编制方法。

（2）学会分析生命表。

【实验原理】

依据生物性质划分年龄阶段（如 1 个发育期、1 个月、1 年、5 年等），作为表中最左边的一列 x，观察同一时期出生的同一群生物从出生到死亡各年龄段开始时的存活情况，将观测值 n_x 列在 x 值右边一栏，根据这些观测值即可算出表中其他栏目的数据。动态生命表中数据栏目由左至右依次为：x（年龄段）；n_x（x 期开始时存活数目）；l_x（x 期开始时的存活率）；d_x（x 到 $x+1$ 期间的死亡数目）；q_x（x 到 $x+1$ 期间的死亡率）；L_x（x 到 $x+1$ 期间的平均存活数）；T_x（超过 x 龄的个体总数）；e_x（x 期开始时的平均生命期望或平均余年）。各栏数据的关系如下：

$$l_x = \frac{n_x}{n_0}$$

$$d_x = n_x - n_{x+1}$$

$$q_x = \frac{d_x}{n_x}$$

$$L_x = \frac{n_x + n_{x+1}}{2}$$

$$T_x = L_x + L_{x+1} + L_{x+2} + \cdots + L_{max}$$

$$e_x = \frac{T_x}{n_x}$$

如果在生命表中加入 m_x 项，用来记录各年龄的出生率，即构成综合生命表。参数 m_x 是用来描述种群中各年龄（年龄组）出生率的，即该年龄平均每个存活个体在该年龄期内所产后代数。如同生群 x 龄开始时的存活数为 n_x，结束时存活数为 n_{x+1}，则 x 龄平均存活个体数为 $L_x=(n_x+n_{x+1})/2$。假设 x 龄期内一共生育了 F_x 个后代，则 $m_x=F_x/L_x$。

【实验器材】
骰子，烧杯，记录纸，绘图纸，笔等。

【方法与步骤】
（1）以骰子数量代表所观察的一组动物（如海豹）的同生群，给每个实验组发 100 只骰子，1 个烧杯。
（2）通过掷骰子游戏来模拟动物死亡过程，每只骰子代表一个动物，所以开始时动物数为 100，年龄记为 0。掷骰子规则为：将烧杯中骰子充分混匀，一次全部掷出，观察骰子的点数，1、2、5、6 点代表存活个体，3、4 点代表死亡个体，投掷一次骰子代表 1 年。当然，也可以根据三类存活曲线的特征，来设置不同的情景假设。将投掷次数作为年龄记在表 3-3 最左边一栏（年龄 x）中，将显示 1、2、5、6 点的骰子数作为存活个体数记在表 3-3 存活个体数 n_x 一栏中。
（3）将"死亡个体"去除，"存活个体"继续放回烧杯中重复以上步骤，直到所有动物全部"死亡"。
（4）按上面公式计算生命表中其他各项的数值，完成表 3-3。

表 3-3　动态生命表

年龄 x	存活个体数 n_x	存活率 l_x	死亡数 d_x	死亡率 q_x	L_x	T_x	生命期望 e_x
0	100	1.000					
1							
2							
3							
⋮							
n							

【结果与分析】
以年龄 x 为横坐标、$\lg l_x$ 为纵坐标作图，看看得到一条怎样的存活曲线。

【思考题】
修改掷骰子游戏的假设，以改变种群的出生率和死亡率，看存活曲线和种群增长率会随之发生怎样的变化。

【探索性实验】
在上述掷骰子游戏中，如果在投掷两次后，假定投出 5 点的个体为繁殖个体，每个繁殖个体的后代数量为 2 个，但投掷超过 8 次后取消该假定，恢复为开始的基本假设，试将 m_x 栏列入生命表中，构建一个综合生命表，并计算种群的增长率。综合生命表的样表与计算见数字课程。

（牛翠娟）

实验 3.5 | 种群的年龄结构和性比

　　无论是植物种群还是动物种群，都由不同数量的年轻和年老个体组成。任何年龄单位，如天、周、月、年等都可以表示年龄。年龄组成还可以用发育阶段划分，如幼体、亚成体、成体、老年个体等。性比则是不同性别个体在种群中所占的比例。种群年龄结构和性比的变化对其数量变化有重要影响。在种群动态研究中，常要分析种群的年龄结构和性比。

　　种群年龄结构和性比的调查关键在于生物年龄和性别的判定技术。许多生物身上带有可用于判断年龄的一些性状，如树干的年轮、贝壳、鱼类鳞片、动物角上的生长轮、动物牙齿的状态等。鉴于同一生长发育阶段的生物其身体大小常呈正态分布，而生物身体大小又与年龄相关，当年龄很难判断时，还可通过分析身体大小的分布来间接判断年龄。昆虫则通常采用发育阶段和蜕皮次数来表示年龄。性别的判断对于雌雄异体、异型的生物来说较容易，但很多生物通过外观难以判断性别。不过，如果在生物的繁殖期考察性成熟个体的性别，相对要容易一些。计数不同年龄段的生物，分别计算其在种群总数中所占的比例，即可获得种群的年龄结构。性比是两性个体数量的比例，可以通过计算种群所有两性个体数量的比例获得总性比；如与年龄结构相结合，还可获得不同年龄段的性比。

【实验目的】
通过实际操作，了解并掌握调查、分析种群年龄结构和性比的方法。

【实验器材】
记录纸，笔等。

【方法与步骤】
　　（1）在实验周前一周，将学生随机分成两大组，进行分工。1 组直接通过调查形式去了解其所在地区人口的年龄结构和性别组成，2 组则通过查文献的方式汇总已发表的生物种群的年龄结构和性别组成及这两项指标的研究方法。
　　（2）两组在复习教科书中有关种群的年龄结构和性比、实验教材中有关如何查文献、搞调查等内容的基础上，确定各自的调查方法。1 组调查项目包括年龄、性别、身高等。

如学生可通过调查周围从幼儿园到大学的人员及其家人与亲属的年龄、性别及身高，作出年龄及性别分布图，并分析年龄与身高的关系；也可以在一天的不同时间段在特定地点观察行人的性别、身高、年龄等，得出所观察地区、时间范围内出现的"种群"的年龄结构和性别组成。年龄和身高的分段也由学生自行设计。2 组通过大量文献检索，分析比较不同生物的年龄结构和性比，探讨该两项指标与种群动态的关系，并进行总结。

【结果与分析】

在实验课上各组以调查报告或综述的形式汇报自己的调查结果，研究报告写成小论文的格式，题目自定。报告完毕后在教师指导下对发表结果展开分析和讨论，加深对种群年龄结构和性比分析的了解。

【思考题】

（1）生物的性比和年龄结构如何影响种群动态？

（2）通过区分年龄、建立年龄结构，你能得到哪些与年龄有关的种群有用信息？

（牛翠娟）

实验 3.6 ｜ 种群在资源有限环境中的逻辑斯谛增长

种群在资源有限环境中的数量增长不是无限的。当种群在一个资源有限的空间中增长时，随着种群密度的上升，对有限空间资源和其他生活必需条件的种内竞争也将加剧，必然影响到种群的出生率和存活率，从而降低了种群的实际增长率，直至种群停止增长，甚至使种群数量下降。逻辑斯谛增长（Logistic growth）是种群在资源有限环境下连续增长的一种最简单的形式，又称为阻滞增长。

种群在有限环境下的增长曲线是 S 形的，它具有两个特点：

（1）S 形增长曲线有一个上渐进线，即 S 形增长曲线逐渐接近于某一特定的最大值，但不会超过这个最大值的水平，此值即为种群生存的最大环境容纳量（carrying capacity），通常用 K 表示。当种群大小到达 K 值时，将不再增长。

（2）S 形曲线是逐渐变化的，平滑的，而不是骤然变化的。

逻辑斯谛增长的数学模型：

$$\frac{\mathrm{d}N}{\mathrm{d}t} = rN\left(\frac{K-N}{K}\right)$$

或

$$\frac{\mathrm{d}N}{\mathrm{d}t} = rN\left(1 - \frac{N}{K}\right)$$

式中：$\dfrac{\mathrm{d}N}{\mathrm{d}t}$——种群在单位时间内的增长率；

　　　N——种群大小；

　　　t——时间；

　　　r——种群的瞬时增长率；

　　　K——环境容纳量；

　　　$\left(1-\dfrac{N}{K}\right)$——"剩余空间"，即种群还可以继续利用的增长空间。

逻辑斯谛增长模型的积分式：

$$N = \frac{K}{1+\mathrm{e}^{a-rt}}$$

式中：a——常数；

　　　e——常数，自然对数的底。

【实验目的】

（1）使学生们认识到环境资源是有限的，任何种群数量的动态变化都受到环境条件的制约。

（2）加深对逻辑斯谛增长模型的理解与认识，深刻领会该模型中生物学特性参数 r 与环境因子参数——生态学特性参数 K 的重要作用。

（3）学会如何通过实验估计出 r、K 两个参数和进行曲线拟合的方法。

【实验器材】

恒温光照培养箱，实体显微镜，凹玻片，1 000 mL 烧杯，100 mL 量筒，移液枪（50 μL），1 kW 电炉，普通天平，干稻草，鲁氏碘液（配置方法见附录），50 mL 锥形瓶，纱布，橡皮筋，白胶布条，封口膜，标记笔，计数器，自制的观测数据记录表等。

【方法与步骤】

1. 准备草履虫原液

从湖泊或水渠中采集草履虫。

2. 制备草履虫培养液

（1）称取干稻草 5 g，剪成 3～4 cm 长的小段。

（2）在 1 000 mL 烧杯中加水 800 mL，用纱布包裹好干稻草，放入水中煮沸 10 min，直至煎出液呈淡黄色。或者根据学生的人数多少制备一定量的稻草培养液。

（3）将稻草煎出液置于室温下冷却后，经过过滤，即可作为草履虫培养液备用。

3. 确定培养液中草履虫种群的初始密度

（1）用 50 μL 移液枪取 50 μL 草履虫原液于凹玻片上，当在实体显微镜下看到有游动的草履虫时，再用滴管取一小滴鲁氏碘液于凹玻片上杀死草履虫，在实体显微镜下进行草履虫计数。

（2）按上述方法重复取样 4 次，对 4 次计数的草履虫数求平均值，并推算出草履虫原液中的种群密度。

（3）取冷却后的草履虫培养液 50 mL，置于 50 mL 烧杯中。经过计算，用移液枪取适量的草履虫原液放入培养液中，使培养液中草履虫的个数在 250~300 个。此时培养液中的草履虫密度即为初始种群密度。

（4）用纱布和橡皮筋将实验用的烧杯罩好，并做好本组标记，放置在 20℃或 30℃的恒温光照培养箱中培养。

4. 定期检测和记录

（1）在实验开始后 10 天内，每天定时对培养液中的草履虫密度进行检测，具体方法同方法与步骤 3 中的（1）和（2），求出其平均数。

（2）将每天的观测数据记录在观测数据记录表（表 3-4）中。

表 3-4　草履虫种群动态观测记录表

培养天数	草履虫样本平均实测值	草履虫种群估算值 N	$\dfrac{K-N}{N}$	$\ln\left(\dfrac{K-N}{N}\right)$	逻辑斯谛方程种群数量的理论值
1					
2					
3					
4					
5					
6					
7					
8					
9					
10					

5. 环境容纳量 K 的确定

将 10 天中得到的草履虫种群大小数据，标定在以时间为横坐标、草履虫种群数量为纵坐标的平面坐标系中，从得到的散点图中不仅可以看出草履虫种群大小随时间的变化规律，还可以得到此环境条件下可以容纳草履虫的最大环境容纳量 K。通常从平衡点以后，选取最大的一个 N 确定为 K，以防止在计算 $\ln\left(\dfrac{K-N}{N}\right)$ 的过程中真数出现负值。

最大环境容纳量 K 还可以通过三点法求得。三点法的公式为：

$$K = \frac{2N_1N_2N_3 - N_2^2\left(N_1 + N_3\right)}{N_1N_2 - N_2^2}$$

式中：N_1，N_2，N_3——分别为时间间隔基本相等的三个种群数量，要求时间间隔尽量大一些。

6. 瞬时增长率 r 的确定

瞬时增长率 r 可以用回归分析的方法来确定。首先将逻辑斯谛方程的积分式变形为

$$\frac{K - N}{N} = e^{a - rt}$$

两边取对数,得:

$$\ln\left(\frac{K - N}{N}\right) = a - rt$$

如果设 $y = \ln\left(\dfrac{K - N}{N}\right)$,$b = -r$,$x = t$,那么逻辑斯谛方程的积分式可以写为:

$$y = a + bx$$

这是一个直线方程,只要求出 a 和 b,就可以得到逻辑斯谛方程。

根据一元线性回归方程的统计方法,a 和 b 可以用下面的公式求得:

$$a = \bar{y} - b\bar{x}$$

$$b = \frac{\sum_{i=1}^{n} (x_i - \bar{x})(y_i - \bar{y})}{\sum_{i=1}^{n} (x_i - \bar{x})^2}$$

式中: $\bar{x}$——自变量 x 的均值;

x_i——第 i 个自变量 x 的样本值;

$\bar{y}$——因变量 $\bar{y}$ 的均值;

y_i——第 i 个因变量 y 的样本值;

n——样本数。

将求得的 a、r 和 K 代入逻辑斯谛方程,则得到种群数量理论值。在坐标纸上绘出逻辑斯谛方程的理论曲线。看看理论曲线与实际值是否拟合得好。

【注意事项】

在草履虫原液中取样时,要将移液枪尽量保持在相同的地方与深度,这样能够保证取样时的误差较小。

【思考题】

(1)在不同温度下,种群的逻辑斯谛增长中的 K 是否是稳定不变的?

(2)种群的逻辑斯谛增长曲线中,r、K 两个参数的生物学意义是什么?

(3)为什么说种群的逻辑斯谛增长是受到密度制约的?

(4)讨论实验中各种实验条件的不同可能给草履虫种群增长造成的影响。

【探索性实验】

环境容纳量也像其他生态特征一样,是随着环境条件的不同而改变的。因此,逻辑斯谛增长曲线对于某一物种也不是固定不变的。改变上述实验的培养温度,将草履虫培养液

放置在比上述实验温度高或低的光照培养箱中培养，根据不同温度下的草履虫种群增长曲线，讨论环境条件的改变对草履虫实验种群增长的影响。

（娄安如）

实验 3.7 | 具有年龄结构的种群增长模型模拟

种群统计的核心是建立反映种群全生活史的各年龄组成出生率和死亡率等信息的综合表，即生命表。种群生命表都是在假设种群的数量和年龄结构不变的前提下，反映一个特定年龄种群的个体存活率、死亡率和生殖率所呈现的变化；或特定时间内的各龄级间的个体存活、死亡及增殖力的变化。实际上，任何一个多年生生物种群（如多年生多次结实的植物种群）的动态是与各龄级的个体逐年死亡和新生个体逐年增加密切相关的，并最终导致种群数量和年龄结构的变化以及各龄级死亡率和生殖力的变化。所以，年龄结构的变化对种群数量的影响十分重要。Lewis 和 Leslie 提供的 Leslie 矩阵，可以依据生命表的参数，使种群数量与年龄结构的变化得到定量的表述和预测。为了便于理解模型，认识下列几个参数是十分重要的：x 为年龄级；l_x 表示在 x 龄级开始时的标准化的存活个体数；m_x 为各年龄段的平均生殖率；N_x 为种群在 x 龄级开始时的存活个体数；r 为种群的内禀增长率；λ 为种群的周限增长率；R_0 为净生殖率，是指一个雌性个体在它的一生中自然生殖雌性后代数目的期望值。

可以用公式计算：

$$R_0 = \sum l_x m_x$$

【实验目的】
（1）了解具有年龄结构的种群增长规律。
（2）加深对种群生命表与 Leslie 矩阵的认识。
（3）让学生学会自主设计实验方案。

【实验器材】
Windows 系统计算机，具有年龄结构的种群增长模型的计算机模拟运行软件（Populus，种群生物学软件包，美国明尼苏达大学）。

【方法与步骤】
1. 写出实验设计方案，探求具有年龄结构的种群数量变化规律。
2. 将支持实验结果的图表附在实验报告中。
3. 对所得结果给出生态学解释。

【思考题】

（1）当年龄级一定时，由于 l_x、m_x 和 N_0 不同，种群的周限增长率 λ 随时间的变化有什么规律？

（2）请自己设计模拟实验方案，反映种群的动态变化规律。

（娄安如）

实验 3.8 | 资源竞争模型模拟

资源是指能够被生物体所消耗，并且对其利用率的增加将导致生物种群增长率增加的任何物质。如果一个物种只消耗一种有限的资源，那么当种群的增长率等于其损失率，同时资源的供给率等于其消耗速率时，该种群最终将达到平衡状态。通常以 R^* 来表示物种增长率与死亡率相等时所需资源的浓度。当几个物种竞争同一种有限资源时，竞争结果取决于它们 R^* 值的大小。因此，具有最低 R^* 值的物种，在竞争中将获胜，它可以在其栖息地中取代其他一切物种。当两个物种竞争两种生活必需资源时，物种的增长率取决于与其需求相比处于最低供应状态的那种资源。

下列两个方程组中，方程组（1）是描述多个物种在竞争同一种资源时，各物种种群数量的变化情况，方程组（2）是描述多个物种在竞争多种资源时，各物种种群数量的变化情况。

$$\frac{\mathrm{d}N_i}{N_i\mathrm{d}t} = \frac{r_i R}{R + K_i} - m_i$$

$$\frac{\mathrm{d}R}{\mathrm{d}t} = a(S - R) - \sum_{i=1}^{n}\left[N_i c_i\left(\frac{\mathrm{d}N_i}{N_i\mathrm{d}t} + m_i\right)\right] \tag{1}$$

$$\frac{\mathrm{d}N_i}{N_i\mathrm{d}t} = \min\left\{\frac{r_i R_j}{R_i + K_{ij}} - m_i\right\}, \quad j=1, 2$$

$$\frac{\mathrm{d}R_j}{\mathrm{d}t} = a(S_j - R_j) - \sum_{i=1}^{n}\left[N_i c_{ij}\left(\frac{\mathrm{d}N_i}{N_i\mathrm{d}t} + m_i\right)\right] \tag{2}$$

式中：i——第 i 个物种；

j——第 j 种资源；

N——种群密度（单位面积的个体数量）；

R——有限资源的浓度或可利用率；

r——消费者物种的内禀增长率；

K——物种达到其最大增长率一半时资源的浓度；

m——消费者的死亡率或亏损率；

S——栖息地的供给点和栖息地所提供的资源的最大量；

a——确定资源从不可利用状态转变为可利用状态的比例常数；

c——描述消费者物种资源消耗量的函数。

【实验目的】

（1）掌握 Tilman 资源竞争模型与原理。

（2）探求不同情况下，哪些生物与生态参数可以决定物种在资源竞争中具有较大的竞争优势。

（3）让学生学会自主设计实验方案。

【实验器材】

Windows 系统计算机，资源竞争模型计算机模拟运行软件（Populus，种群生物学模拟软件包，美国明尼苏达大学）。

【方法与步骤】

（1）首先运用程序中提供的两个物种与两种资源的各种参数，选择物种利用单一资源和必需资源两种情况，模拟这两个物种的竞争情况。

（2）依照程序中提供的参数名称与取值范围，分别给原有的两个物种的生物与生态学参数重新赋值，模拟参数变化后的两个物种的竞争情况。

【思考题】

（1）当两个物种同时利用资源一或资源二时，竞争结果如何？并分析原因。

（2）当两个物种同时利用资源一和资源二时，竞争结果如何？并分析原因。

（娄安如）

实验 3.9 | Lotka-Volterra 捕食者 - 猎物模型模拟

Lotka–Volterra 捕食者 – 猎物模型是 20 世纪 20 年代 Lotka A. J.（1925）和 Volterra V.（1926）提出的描述种间关系的经典模型之一。该模型假设：除捕食者存在外，猎物生活于理想环境中（其出生率和死亡率与密度无关）；捕食者的环境同样是理想的，其种群增长只受到可获得的猎物数量限制。

Lotka–Volterra 捕食者 – 猎物系统的连续增长微分方程为：

$$\frac{\mathrm{d}N}{\mathrm{d}t} = r_1 N - C_1 N P \tag{1}$$

$$\frac{\mathrm{d}P}{\mathrm{d}t} = -r_2P + C_2NP \tag{2}$$

式中：N——猎物密度；

r_1——猎物种群的增长率；

C_1——捕食者发现和进攻猎物的效率，即平均每一捕食者捕杀猎物的常数；

P——捕食者密度；

$-r_2$——捕食者的死亡率；

C_2——捕食者利用猎物而转变为更多捕食者的捕食常数。

方程（1）描述了猎物种群动态，倾向于 r_1N 的无限增长，但它要受捕食者功能项 C_1NP 的制约。

方程（2）描述了捕食者种群动态，捕食者数量一方面受死亡的影响，另一方面受与猎物密度有关的数值 C_2NP 的影响。

当模型平衡，即 $\frac{\mathrm{d}N}{\mathrm{d}t} = \frac{\mathrm{d}P}{\mathrm{d}t} = 0$ 时，$P = \frac{r_1}{C_1}$，$N = \frac{r_2}{C_2}$。说明当捕食者的数量为 $\frac{r_1}{C_1}$ 时，猎物数量将稳定不变；捕食者数量大于 $\frac{r_1}{C_1}$ 时，猎物的数量会减少；捕食者数量小于 $\frac{r_1}{C_1}$ 时，猎物数量增加。同样，猎物数量为 $\frac{r_2}{C_2}$ 时，捕食者数量也会恒定不变；猎物数量大于 $\frac{r_2}{C_2}$ 时，捕食者数量上升，反之捕食者数量下降。

Lotka–Volterra 捕食者 – 猎物模型揭示了这种捕食关系的两个种群数量动态是彼此消长、往复振荡的变化规律。

【实验目的】

在掌握 Lotka–Volterra 捕食者 – 猎物模型的生态学意义与各参数意义的基础上，通过改变相应参数值的大小，在计算机上模拟捕食者种群与猎物种群的数量变化规律，认识捕食关系的两个种群数量动态是此消彼长、往复振荡的变化规律。从而加深对该模型的认识。让学生学会自主设计实验方案。

【实验器材】

Windows 系统计算机，Lotka–Volterra 捕食者 – 猎物模型计算机模拟运行软件（Populus，种群生物学模拟软件包，美国明尼苏达大学）。

【方法与步骤】

1. 写出实验设计方案，探求在不同的情况下，捕食者与猎物之间的数量变化规律。

2. 将支持实验结论的图表附在实验报告中。

3. 对所得出的结果给出生态学的解释。

【思考题】

（1）在 P、N、r 与 C 一定时，捕食者与猎物数量的变化规律与世代数的多少是否有关？如果有关，那么世代数对捕食者与猎物数量的增长有什么影响？

（2）自己设计实验方案，探求在不同情况下，捕食者与猎物之间的数量变化规律。

（娄安如）

实验 3.10 ｜ 运用表型相关方法分析植物的资源分配策略

植物一个重要的基本活动就是从环境中获取资源、利用资源并对资源进行分配。经典的资源分配模型都假定植物可获取的总资源是有限的，资源在不同活动之间的分配存在"此消彼长"的负偶联关系（trade-off）。如果植物在某一功能上的投入所获得的回报低于投入，这种投入就会终止。植物采取的最佳资源分配模式应该使得植物一生中的总适合度达到最大。

运用表型相关（phenotypic correlation）方法是研究植物资源分配时经常采用的一种方法。以繁殖分配和生长两个性状为例，表型相关法就是分别测定种群内不同个体的繁殖分配和生长量，然后分析确定这些实测的表型数据之间是否存在着负相关关系。这种方法可操作性强，能够根据表型性状直接测量。

植物资源分配的各种理论模型有很大差别，但它们都有相同的基本假设：植物可获取的总资源是有限的，投入到某一功能的资源量增加必然会降低投入到其他功能的资源量，即存在着负偶联关系。人们通常认为碳是适宜的衡量植物资源分配的"流通货币"，假定植物行使各种功能都是以消耗碳为代价的，所以大多数研究都将干重作为"流通货币"来衡量植物的资源分配。

繁殖分配模型预测：一年生植物和一次生殖的多年生植物的繁殖分配比多次生殖的多年生植物高。从性别分配的角度看，在虫媒植物中，由于传粉者数量和传粉者携带花粉的能力有限，雄性适合度在花粉产量增加到一定程度后将不再随资源投入的进一步增加而明显增加。而在风媒植物中，这种饱和效应不会出现，所以增加花粉产量将会继续增加雄性适合度。因此，风媒植物分配给雄性功能的资源应该比虫媒植物分配的多。如果再将植物个体大小考虑进来，则会得到如图 3-2 所示的关系。

如果雌性适合度函数是人们通常所认为的线性函数，那么我们可以得到一个重要结论：存在个体大小的一个阈值，低于它时个体把所有资源投入给雄性功能，高于它时个体的雄性功能资源分配保持恒定，而雌性资源分配线性增加，如图 3-2（c）所示。若雌性适合度是一个饱和函数，则有如下结论：如果雌性适合度趋于饱和的速率低于雄性适合度，那么随个体大小增加，资源分配变得更加偏雌；反之，如果雄性适合度趋于饱和的速率低于雌性适合度（就像在某些风媒植物中那样），资源分配比率将会变得偏雄。由于人们通常认为前一种情形适用于大多数植物种群，所以，至少动物传粉的植物一般应随个体大小增加而在性表达状态上更偏向于雌性。对于多年生草本植物，如果种群内个体太小，这些

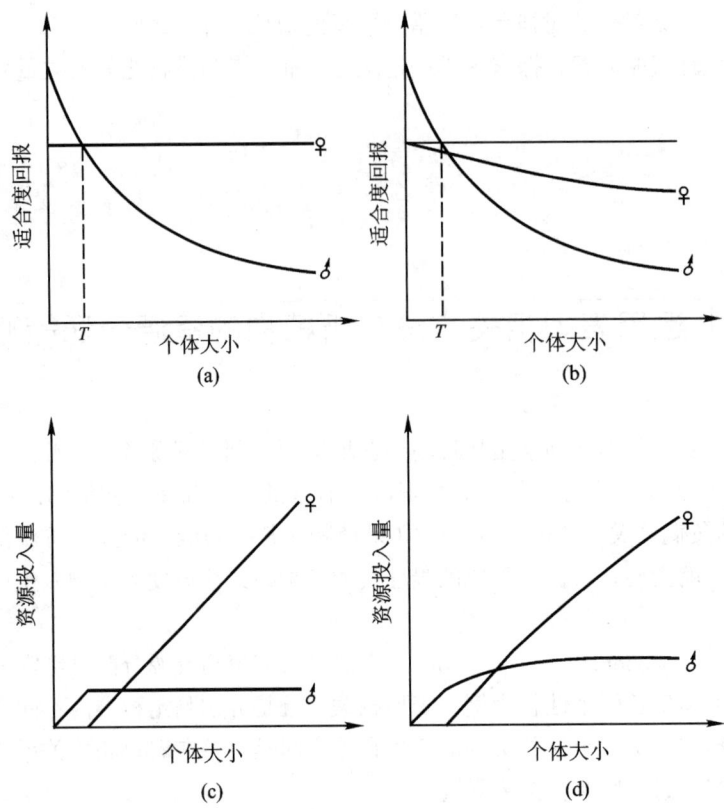

图 3-2　每单位资源投入所产生的雌性和雄性适合度回报随资源投入量增加而变化的趋势

　　当雌性适合度函数是线性的时候（a），个体大小如果小于临界值 T，那么所有资源都应投入给雄性功能，因为这样获得的适合度回报更高；如果个体大小超过了临界值 T，那么雄性资源投入量保持为恒定值 T，剩余的所有资源则都分配给雌性功能（c）。当雌性适合度也是饱和函数时（b），雌性和雄性资源投入在超过临界值后都随个体大小增加，一般是雌性投入增加更快一些（d）

小个体要么不繁殖，要么只表现出雄性功能。

【实验目的】

（1）了解资源分配模型的基本假设。

（2）了解资源分配模型的理论预测结果。

（3）熟悉植物资源分配的研究方法。

【实验器材】

烘箱，电子天平，干燥器等。

【方法与步骤】

1. 样品采集

根据教师要求，采集容易得到的草本植物作为实验用样品（如二月蓝、地黄等）。

2. 分离

测量植株高度，并用镊子、剪刀等工具将样品分离为营养体和繁殖体两部分，再将繁殖体分离为花和繁殖附属结构（如花序轴等）两部分，最后将花分离为雌蕊、雄蕊、花其他器官（主要执行吸引传粉者以及为传粉者提供回报物质等功能）三部分。

3. 烘干

将分离出的各部分分别放入烘箱，在80℃下烘烤。每隔一定时间取几份样品称量，观察干重的变化趋势，直至恒重。未开花个体直接整株烘烤。

4. 称量

烘烤完毕后，将样品放入干燥器，至样品冷却。分别用0.0001 g和0.001 g电子天平称量花各部分干重和营养体干重。

5. 数据分析

根据所采集的数据，分析开花个体与未开花个体的大小差异、开花个体的资源在繁殖体和营养体之间的分配模式以及繁殖资源在雌雄功能上的分配模式。结合株高、植株总重，考察个体大小对资源分配的影响。

【注意事项】

不同的植物材料，烘干至恒重所需的时间不一样。烘干时，以烘干至恒重为准。

【思考题】

花冠作为雄性器官还是雌性器官更合适？为什么？

【探索性实验】

植物的交配方式与其资源分配策略有着极为紧密的联系。对于虫媒的自交植物或某一物种的自交种群，由于个体不再需要投入更多的资源吸引传粉昆虫，其资源分配模式将会发生改变。请讨论可能发生什么改变，并设计一个实验验证所讨论的结果。

（廖万金）

实验 3.11 │ 利用等位酶标记研究种群的遗传多样性

等位酶（allozyme）是指同一基因位点的不同等位基因所编码的一种酶的不同形式。同源染色体上不同的等位基因实际上是一段不同核苷酸序列的 DNA 链，经过转录和翻译过程，最后将编码具有不同构象和大小的蛋白质亚基。在电场中，不同的蛋白质亚基由于带电量和半径不同，其迁移率也不同，表现在酶谱上，将有不同的迁移距离，从而分辨出不同类型的亚基。反过来，根据酶谱上分离出来的各个亚基的不同表现（迁移距离相等或

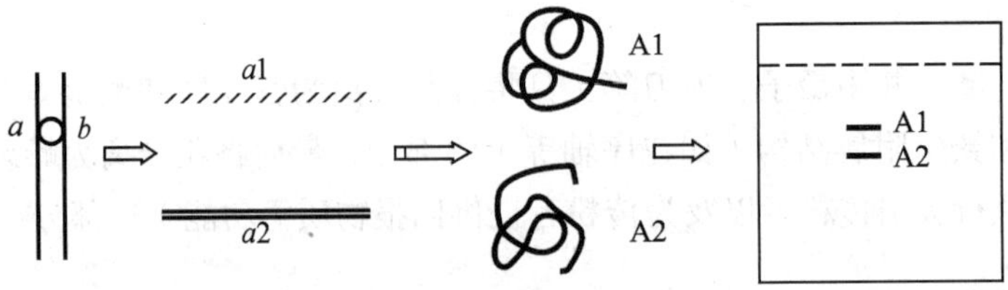

图 3-3 等位酶标记的原理与流程（以基因型为 *ab* 单体酶为例）

等位基因 *a* 和 *b* 实际上是不同核苷酸序列的 DNA 链 *a1* 和 *a2*，通过转录和翻译，编码大小和构象不同的蛋白质亚基 A1 和 A2，通过电泳可将亚基 A1 和 A2 分离，根据蛋白质亚基在凝胶上表现出的带谱可推知基因型

者不等），就可以确定该个体在该位点上是纯合体还是杂合体，如图 3-3 所示。

等位酶标记第一次用比较简单而直观的方法识别出了大量的基因位点和每个位点的等位基因，能够定量地考察遗传变异。等位酶标记是一个共显性标记（codominance，即能够区分杂合子 *Aa* 和显性纯合子 *AA*），从酶谱上可以直接确定编码该等位酶的等位基因，而且等位酶的遗传和表达都遵循孟德尔定律。等位酶分析的成本相对较低，方法也比较简单，有着较广的应用范围。等位酶作为一种稳定的基因组标记，它所揭示的酶蛋白质的多态性可以看作是对整个基因组的随机取样，从而对种群的遗传学结构做出估计，测量种群的遗传多样性以及各种群间的遗传距离。

进行等位酶分析时，首先要把各种有功能的可溶性酶蛋白质从植物细胞中提取出来，并保证这些酶提取出来以后活性基本不变。通常使用的提取缓冲液（extracting buffer）有简单磷酸提取缓冲液、复杂磷酸提取缓冲液、Tris- 马来酸提取缓冲液和 Tris-HCl 提取缓冲液四种。多数食用植物和花粉可以用简单缓冲液提取，而大多数野生植物由于含有较多的酚类等有害于酶蛋白质的物质，一般需要用复杂的提取缓冲液。所以，等位酶分析的第一步就是针对具体的实验材料确定合适的提取缓冲液。然后进行电泳分离。现在经常使用的有水平切片淀粉凝胶电泳、聚丙烯酰胺凝胶电泳、醋酸纤维素膜电泳等，这一过程相对简单，在整个过程中应注意防止酶失去活性。电泳结束后应立即进行染色。等位酶染色分为胶染和液染两种，采用哪一种染色方法主要取决于实验室的条件、染色效果以及染色的成本等。许多研究都提供了各种不同酶系统染色的详细配方。

含有各种酶蛋白的组织匀浆样品经过凝胶电泳以后，由于不同酶蛋白的净电荷以及分子大小和形状不同，迁移速率也不同，各种酶蛋白分散在电泳跑道上。但此时这些酶是看不见的。专性组织化学染色是其成为可见酶谱的一个重要环节。通常情况下，一种染色混合液只提供适合于特定酶的特殊反应底物，使得这种酶催化有关联的特殊反应，产生可见的染料。

化学探测染色、电子传递染料染色、酶连锁染色是三种常见的染色方法。在化学探测染色反应中，凝胶上的酶蛋白与染液中的底物反应，反应产物再和重氮盐（如固蓝 RR 盐、固蓝 BB 盐等）及其他化合物反应，产生不溶性的染料而沉淀。

最常见的染色方法是电子传递染料染色法中的 MTT（噻唑蓝）染色法。这种反应把辅酶Ⅰ（NAD^+）或辅酶Ⅱ（$NADP^+$）和吩嗪甲硫酸（PMS）偶联使用。当脱氢酶催化反应时，辅酶Ⅰ或辅酶Ⅱ变成了还原型辅酶Ⅰ（NADH）或还原型辅酶Ⅱ（NADPH），通过

PMS 的传递还原作用，还原型辅酶Ⅰ或还原型辅酶Ⅱ再变回辅酶Ⅰ或辅酶Ⅱ，同时四唑盐（MTT 或 NBT）则变成了蓝紫色的、不溶性的染料 formazan。该染料的位置就是脱氢酶在凝胶上的位置。

相对较为困难的是酶谱的判读。对酶谱上呈现的带谱进行解释需要深入理解每一种等位基因变异的遗传学基础。下面以自然界中最常见的二倍体生物为例，说明具有不同蛋白质亚基数目的等位酶的酶型（zymotype）。

1. 单体酶（monomeric enzyme）

单体酶仅由一个蛋白质亚基组成。如果个体在编码某一单体酶的一个特定位点是基因型为 a1a1 的纯合子，由于该位点两个等位基因完全相同，经过转录、翻译，各自编码出的多肽链也完全相同，都是 A1，在酶谱上表现为一条带。如果某个体在该位点是基因型为 a1a2 的杂合子，这两个不同的等位基因将编码出 A1 和 A2 两种不同的多肽链，而且这两种不同的多肽链都能单独形成有活性的酶，即都能被染色。这两条多肽链由于大小、构象、带电量等方面的差异，在电场中具有不同的迁移率，从而在酶谱上表现出两条带（图3–4）。与该位点的 a1a1 纯合子相比，杂合子只有一个等位基因 a1 编码多肽链 A1，所以杂合基因型个体编码的多肽链 A1 的浓度是纯合子编码的 A1 的浓度的一半。在酶初始浓度相同的条件下，酶谱中杂合子 a1a2 在多肽链 A1 位置，带的浓度只是纯合子 a1a1 的一半。

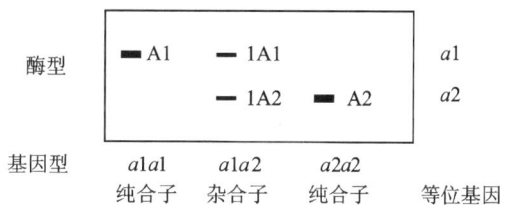

图 3–4　单体酶在一个具有 2 个等位基因的二倍体植物种群中的带型模式图

酶型符号前面的数字代表浓度比

2. 二聚体酶（dimeric enzyme）

二聚体酶由两个蛋白质亚基组成。对于一个二倍体植物个体，一个二聚体酶的指定位点如果是基因型为 a1a1 的纯合子，其两个完全相同的等位基因编码出来的多肽链也完全相同，都是 A1，任意两条多肽链形成的二聚体酶都是 A1A1，在酶谱上表现为一条带。如果某个体在该位点是基因型为 a1a2 的杂合子，等位基因 a1 产生多肽链 A1，等位基因 a2 产生多肽链 A2，在形成二聚体酶时，这两种不同的多肽链可以自由组合，形成 A1A1、A1A2、A2A2 三种不同的二聚体酶型，在酶谱上表现为三条带。而且，这三种酶型的浓度比遵循自由组合规律，即 1 A1A1、2 A1A2、1 A2A2（图3–5）。

由 3 个及 3 个以上亚基组成的等位酶、有 2 个以上等位基因的等位酶、多倍体生物的等位酶以及有哑等位基因（null allele）或重复位点存在的等位酶的酶型相对比较复杂，在此不做讲述。

酶谱正确判译后，我们就可以得到各种群、各位点的等位基因频率和基因型频率，这就是遗传多样性（genetic diversity）、交配系统等分析的最基本数据。现在有很多软件可用

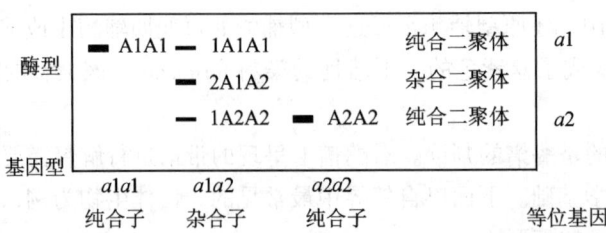

图3-5 二聚体酶在一个具有2个等位基因的二倍体植物种群中的带型模式图

酶型符号前面的数字代表浓度比

于分析等位酶数据，如 BIOSYS 系列软件、Popgene、TFPGA 等。

等位酶作为一种稳定的基因组标记，它所揭示的酶蛋白质的多态性可以看作是对整个基因组的随机取样，从而对种群的遗传学结构做出估计，测量种群的遗传多样性以及各种群间的遗传距离。常用的表示种群内变异水平或等位基因丰富程度的指标有多态位点百分数（proportion of polymorphic loci，P）、平均每个位点的等位基因数（mean number of allele per locus，A）、平均每个位点的等位基因的有效数目（mean effective number of allele per locus，A_e）、平均每个位点的期望杂合度（mean expected heterozygosity per locus，H_e，又称基因多样度指数或遗传多样性指数）、平均每个位点的观察杂合度（mean observed heterozygosity per locus，H_o）。表示种群间遗传分化的指标主要有基因分化系数（coefficient of gene differentiation，G_{ST}）、遗传一致度（genetic identity，I）和遗传距离（genetic distance，D）。各参数的计算公式如下：

$$P = \frac{k}{n} \times 100\% \tag{1}$$

$$A = \frac{\sum_{i=1}^{n} A_i}{n} \tag{2}$$

$$A_e = \frac{\sum_{i=1}^{n} \left(\frac{1}{\sum_{j=1}^{m} q_j^2} \right)}{n} \tag{3}$$

$$H_e = \frac{\sum_{i=1}^{n} \left(1 - \sum_{j=1}^{m_i} q_{ij}^2 \right)}{n} \tag{4}$$

$$H_o = \frac{\sum_{i=1}^{n} \left(1 - \sum_{j=1}^{M_i} Q_{ij}^2 \right)}{n} \tag{5}$$

$$G_{ST} = \frac{\left(1 - \sum_{j=1}^{l} r_j^2 \right) - \frac{\sum_{i=1}^{n} H_{ei}}{n}}{1 - \sum_{j=1}^{l} r_j^2} \tag{6}$$

$$I = \frac{\sum\limits_{k}\sum\limits_{i} X_i Y_i}{\sqrt{\sum\limits_{k}\sum\limits_{i} X_i^2 \cdot \sum\limits_{k}\sum\limits_{i} Y_i^2}} \tag{7}$$

$$D = -\ln I \tag{8}$$

公式（1）~（8）中：k——多态酶位点的数目；

n——所测定酶位点的总数；

A_i——第 i 个位点上的等位基因数；

q_j——第 j 个等位基因的频率；

m——所测定的等位基因的总数；

q_{ij}——第 i 个位点上第 j 个等位基因的频率；

m_i——第 i 个位点上测得的等位基因总数；

Q_{ij}——第 i 个位点上第 j 个等位基因纯合基因型的观测频率；

M_i——第 i 个位点上检测到的纯合基因型的种类数；

H_{ei}——第 i 个种群在某一特定位点上的预期杂合度；

l——该位点的等位基因数；

r_j——该位点上第 j 个等位基因在总种群中的平均频率；

X_i，Y_i——分别表示在种群 X 和 Y 中位点 k 第 i 个等位基因的频率。

一、聚丙烯酰胺凝胶电泳分析植物种群遗传多样性

【实验目的】

（1）掌握等位酶分析技术。

（2）学会运用等位基因频率分析植物种群的遗传多样性指数和种群间遗传分化。

（3）认识研究与保护植物遗传多样性的重要性。

【实验器材】

电炉，培养箱，稳压稳流电源组（电泳仪），电泳槽，天平（0.001 g），pH 计，搅拌器，冰箱，培养皿（120 mm 或 140 mm），瓷比色盘，三角瓶（50 mL），试管（12 mm 或 14 mm），微量进样器或移液器。

【方法与步骤】

（一）等位酶的提取

1. 配制提取缓冲液

植物等位酶提取的缓冲液组成有多种，最常用的是 Tris-HCl 提取缓冲液，其组成如下：

0.010 g 乙二胺四乙酸四钠盐（Na_4EDTA，0.001 mol/L）

0.019 g 氯化钾（KCl，0.01 mol/L）

0.050 g 氯化镁（$MgCl_2 \cdot 6H_2O$，0.01 mol/L）

1~5 g 聚乙烯基吡咯烷酮（PVP 40，40~200 g/L）

1.25 g 蔗糖

25.00 mL Tris-HCl 缓冲液（pH=7.5，0.1 mol/L）

把 PVP 放入溶液搅拌溶解，或者水合过夜。放入冰箱保存。使用前按 1%（体积比）加入 2-巯基乙醇，PVP 和 2-巯基乙醇的用量可以根据提取效果进行调整。

2. 样品采集

原则上，植物体上任何有活性的部位都可以用来进行等位酶分析，但幼嫩组织的酶活性最高，所以一般采集幼嫩的叶片进行实验。根据教师的安排，采集同一物种几个种群的样品，低温保存，迅速带回实验室研磨提取。

3. 研磨提取

在实验室分别从每个个体上取嫩叶约 100 mg，置于比色盘中，加入适量 Tris-HCl 提取缓冲液，冰浴研磨后，以 10 000 r/min 的转速在 4℃下离心 1 min，取上清，于 -20℃ 保存备用。

（二）制胶

1. 封胶

将玻璃板卡入胶条，安装好电泳槽。待煮沸的 2.5% 的琼脂冷却至 50℃ 左右时，用其将卡有玻璃板的胶条与电泳槽接触部位的缝隙封严实。

2. 制备分离胶

按表 3-5 的组成配制分离胶。

表 3-5　聚丙烯酰胺凝胶组成

组分	分离胶			浓缩胶	
	5%	7%	10%	3%	4%
Arc-Bis[①]	3.2 mL	4.5 mL	6.5 mL	1.0 mL	1.3 mL
Tris-HCl（pH=8.8）	16.3 mL	15.0 mL	13.0 mL	0	0
Tris-HCl（pH=8.8）	0	0	0	1.0 mL	1.3 mL
H_2O	0	0	0	7.7 mL	7.1 mL
过硫酸铵（钾）	0.5 mL	0.5 mL	0.5 mL	0.3 mL	0.3 mL
TEMED	20 μL	20 μL	20 μL	15 μL	15 μL

① Arc-Bis：丙烯酰胺 30 g，甲叉双丙烯酰胺 0.8 g，定容至 100 mL。

混合液配好后，将其倒入电泳槽两玻璃板之间，使液面距离矮板顶端 1 ~ 1.5 cm。立即在液面上加水，以保持胶面平整。放入 30℃ 左右的培养箱中保温 50 min 左右。

3. 制备浓缩胶

倒掉分离胶上面的水，并用滤纸或注射器尽量吸尽胶面上的水，按表 3-5 所示配制浓缩胶混合液，加在分离胶上面。立即插入样品梳，放入 30℃ 左右的培养箱中保温。约 30 min 后，拔出样品梳。

（三）上样

用微量进样器或移液器吸取适量的酶提取液，按一定顺序加入样品孔内。

（四）电泳

将电泳槽与稳压稳流电源组（电泳仪）连接好，在电泳槽的正、负极加入 Tris- 甘氨酸电极缓冲液（0.005 mol/L，pH＝8.3）和适量的溴酚蓝指示剂。打开电源，200 V 稳压电泳。电泳时会产生大量的热，最好将电泳槽放入带透明门的冰箱内进行电泳，或者接通电泳槽的冷却装置。

（五）染色

待指示剂电泳至接近玻璃板下端时，停止电泳。拆开电泳槽，将凝胶剥离至培养皿中。按附录中给出的配方配好染色混合液，混匀后，倒入培养皿中，使凝胶沐浴在染液中。立即放入 37℃左右的培养箱中保温。注意，染色液中 NBT、MTT、PMS 一定要在染色前最后加入。大多数酶都需要避光温育。

（六）酶谱判译

根据各种酶的不同亚基组成、酶谱上的带型，判断位点和等位基因。以基因型的形式记录酶谱。

（七）数据分析

根据得到的基因型，统计基因型频率和等位基因频率。利用本实验给出的相关公式进行计算。

【注意事项】

（1）不同的植物材料，由于所含有的次生代谢物不同，可能应采用不同的提取缓冲液。

（2）在整个实验过程中，应尽量快速操作，使样品在常温下搁置的时间尽量短，以保证酶的活性。

（3）制备浓缩胶时，应尽量吸尽分离胶面上的水，以免分离胶与浓缩胶之间产生气泡。

（4）电泳过程中会产生一定的热量，应尽可能营造低温环境。

（5）加入染液后，每隔一定时间应该检测凝胶上是否显示出带来。不同的酶染色时间长短不一，显色完毕的凝胶应立即停止染色，判译酶谱，记录数据并妥善保存凝胶。

【思考题】

（1）检验所检测的位点是否符合 Hardy–Weinberg 平衡。

（2）同源四倍体的单体酶和二聚体酶的带谱会表现出怎样的模式？

【探索性实验】

请查阅相关资料，自己设计一个实验利用等位酶标记解决植物种群生态学或者繁殖生态学中的一些具体问题。

附：染酶配方

ADH：乙醇脱氢酶，二聚体

Tris–HCl	0.05 mol/L，pH=8.0	25 mL
MgCl$_2$	10%	4 滴
乙醇	95%	1 mL
NAD	1%	8 滴
MTT（或 NBT）	1%	8 滴
PMS	1%	2 滴

FDH：甲酸脱氢酶，二聚体

Tris–HCl	0.05 mol/L，pH=8.0	25 mL
甲酸钠	10%	1 mL
NAD	1%	8 滴
MTT（或 NBT）	1%	8 滴
PMS	1%	2 滴

AAT：天冬氨酸转氨酶，二聚体

Tris–HCl	0.2 mol/L，pH=8.0	25 mL
天冬氨酸		0.125 g
α- 酮戊二酸		0.05 g
5′- 磷酸吡哆醛		0.002 g
固蓝 BB 盐		0.05 g

EST：酯酶，单体

磷酸缓冲液	1.0 mol/L，pH=6.0	25 mL
α- 萘乙酸	1 g/100 mL 丙酮	1 mL
β- 萘乙酸	1 g/100 mL 丙酮	1 mL
固蓝 RR 盐		0.05 g

G6PD：6- 磷酸葡糖脱氢酶，二聚体

Tris–HCl	0.05 mol/L，pH=8.0	25 mL
MgCl$_2$	10%	4 滴
6- 磷酸葡糖二钠盐	2.5%	1 mL
NADP	0.5%	8 滴
MTT（或 NBT）	1%	8 滴
PMS	1%	2 滴

IDH：异柠檬酸脱氢酶，二聚体

| Tris–HCl | 0.05 mol/L，pH=8.0 | 25 mL |
| MgCl$_2$ | 10% | 4 滴 |

异柠檬酸三钠	3%	1.65 mL
NADP	0.5%	8 滴
MTT（或 NBT）	1%	8 滴
PMS	1%	2 滴

MDH：苹果酸脱氢酶，二聚体

Tris–HCl	0.1 mol/L，pH = 8.5	25 mL
DL– 苹果酸	2 mol/L，pH = 8.0	2.5 mL
NAD	1%	8 滴
MTT（或 NBT）	1%	8 滴
PMS	1%	2 滴

SOD：超氧化物歧化酶，二聚体或四聚体

Tris–HCl	0.05 mol/L，pH = 8.0	25 mL
维生素 B$_2$	0.001 g	
EDTA Na$_4$	10%	1 滴
NBT	1%	8 滴

（廖万全）

二、聚丙烯酰胺凝胶电泳分析鱼类种群遗传多样性

【实验目的】

（1）掌握聚丙烯酰胺凝胶电泳分离同工酶技术。

（2）学会利用同工酶谱带遗传分析评价种群的遗传多样性。

【实验器材】

1. 实验动物

金鱼，鲤鱼，罗非鱼。

2. 仪器与设备

稳流稳压电泳仪，垂直板凝胶电泳槽，厚、薄玻璃板及胶框、梳子，微量进样枪（20 μL），染色盒，玻璃研磨器，高速冷冻台式离心机，滴管，剪刀，镊子，天平，烧杯，量筒，移液管，冰箱。

3. 试剂

（1）分离胶配方（pH = 8.9）

储存液：

① 1 mol/L HCl 48 mL + Tris 36.8 g，加水至 100 mL。

② 丙烯酰胺 Acr 28 g + 甲叉双丙烯酰胺 Bis 0.74 g，加水至 100 mL。

③ K$_2$S$_2$O$_8$ 0.56 g，加水至 100 mL。

（储存液①和②可在4℃冰箱长期储存，③可在实验前1～2天或当天配制。）

实验前将储存液①1份、②2份、③1份及蒸馏水4份混合均匀成工作液，再按1 mL工作液中含0.6 μL TEMED（四甲基乙二胺）的比例加入TEMED，即成分离胶，温和地混合均匀（不要有气泡）后即可注胶。

（2）浓缩胶配方（pH=6.7）

储存液：

① 1 mol/L HCl 48 mL+Tris 5.98 g，加水至100 mL。

② 丙烯酰胺Acr 10 g+甲叉双丙烯酰胺Bis 2.5 g，加水至100 mL。

③ $K_2S_2O_8$ 0.56 g，加水至100 mL。

④ 蔗糖40 g，加水至100 mL。

实验前将储存液①1份、②2份、③1份及④4份混合均匀成工作液，再按1 mL工作液中1.5 μL TEMED（四甲基乙二胺）的比例加入TEMED，即成浓缩胶。

（3）电泳用电极液

10倍浓缩电极液：Tris 0.6 g+甘氨酸2.88 g，加水至100 mL。

可在4℃冰箱储存10倍浓缩电极液，实验前取1份加9份水稀释到1倍电极液。

（4）提取样品缓冲液（0.1 mol/L Tris-HCl，pH=7.5）

6.06 g Tris-HCl+500 mL三蒸水，充分混合。

（5）乳酸脱氢酶染色液

0.5 mol/L染色缓冲液：Tris-base 60.75 g+1 mol/L HCl 425 mL，加水至1 000 mL。

取硝基蓝四唑30 mg、辅酶Ⅰ 50 mg、吩嗪二甲酯硫酸盐2 mg、0.5 mol/L染色缓冲液15 mL、0.5 mol/L乳酸钠溶液15 mL、0.1 mol/L NaCl溶液5 mL到100 mL容量瓶中，加水到100 mL。

（6）酯酶染色液

50 mg α-乙酸萘酯+50 mg β-乙酸萘酯+100 mg固蓝B盐，用5 mL丙酮溶解，再加0.1 mol/L pH=5.0的磷酸缓冲液稀释到150 mL。

【方法与步骤】

将学生分成3个大组，每组做1种鱼、两种同工酶。各个大组再分成不同的小组，每组做10条鱼左右的样品、1种同工酶。

（1）安装好电泳槽（具体安装方法随使用仪器型号不同而稍有差异）。

（2）将分离胶按上述配方制备好，均匀混合后用滴管将胶液沿内玻板壁缓慢注入至距玻板胶模顶部2 cm左右处，顶层用乙醇覆盖。约20 min胶即凝固。

（3）倒去乙醇，用水洗一下胶，再用吸水纸尽量将水吸干净，放好玻板胶模。将浓缩胶按上述配方制备好，用滴管注到玻板胶模内分离胶上方，至接近胶模顶端时停下，缓慢倾斜插入梳子，注意不要有气泡，如发现气泡，可把梳子拔出，赶走气泡，加入少量浓缩胶后重新插入梳子。约静置20 min后胶凝固。

（4）小心拔出梳子，向电泳槽和样品槽中加满电极液。

（5）在等待胶凝固的过程中可制备样品。将样品鱼称重后迅速处死，冰浴上解剖后分别取部分肝、肌肉组织，按每 100 mg 组织加 1 mL 样品缓冲液的大致比例将组织和缓冲液放在玻璃研磨器中匀浆，匀浆后的混合物放在离心管中，在 4℃下以 6 000 r/min 的转速离心 10 min，取上清液。

（6）用微量进样枪加 20 μL 样品于胶孔中，再加入少许 0.5% 溴酚蓝指示液。

（7）将电泳槽放在 4℃ 冰箱中，连接好电极，电压设在 75 V，接通电源，当样品进入分离胶后（约 15 min），将电压加大到 150 V，待指示剂距离凝胶底部 1 cm 左右时关掉电源。

（8）倒掉电极缓冲液，取出胶框和玻璃板，将胶与玻璃板分开，小心不要损坏胶，将胶平放到染色盒中。

（9）将乳酸脱氢酶（或酯酶）显色液 50 mL 倒入染色盒中，室温下显色，直到可看见清晰的酶谱带，用水冲洗，最后用蒸馏水洗一下，晾干，记录酶谱。

【结果与分析】

（1）根据上述酶谱分析方法判断基因位点与基因型，注意鱼类的酯酶同工酶为单聚体，乳酸脱氢酶同工酶为四聚体。

（2）各大组综合实验结果，计算种群的遗传多样性。

① 根据本实验原理部分所给出的公式，计算如下多样性指标：多态位点百分数 P、平均每个位点的等位基因数 A、平均每个位点的期望杂合度 H_e 与观察杂合度 H_o。

② 计算基因多样度

代表种群遗传分化程度的基因多样度指标包括总基因多样度 H_T、各种群内基因多样度 H_S、各种群间基因多样度 D_{ST} 以及基因分化系数 G_{ST}。计算公式分别为：

$$H_T = H_S + D_{ST}$$

$$G_{ST} = \frac{D_{ST}}{H_T} = \frac{H_T - H_S}{H_T}$$

$$H_S = \frac{\sum_{i=1}^{n} H_{Si}}{n} = \frac{\sum_{i=1}^{n}\left(1 - \sum_{j=1}^{m_i} q_{ij}^2\right)}{n}$$

$$H_T = 1 - \sum_{j=1}^{m} r_j^2$$

式中：H_{Si}——第 i 个种群某基因位点的预期杂合度；

n——所测定的种群总数；

q_{ij}——第 i 个种群该基因位点上第 j 个等位基因的频率；

m_i——第 i 个种群该基因位点上等位基因的数目；

m——上述基因位点等位基因数；

r_j——该基因位点第 j 个等位基因在总种群中的平均频率。

上面公式仅是对一个基因位点的计算，如要对全部基因位点求上述指标的平均，可先计算全部位点的上述指标，再求算术平均值即可。

（3）比较分析所做实验中不同鱼类种群的遗传多样性差异。

【思考题】

（1）哪些因素会影响种群的遗传多样性？

（2）检测种群的遗传多样性有哪些有效方法？各有什么优缺点？

（牛翠娟）

第四部分

群落生态学

实验 4.1 | 植物群落内生态因子的测定

　　植物群落与环境是不可分的。任何一个植物群落在形成的过程中，植物不仅对环境具有适应能力，而且对环境也有巨大的改造作用。随着植物群落发育到成熟阶段，群落的内部环境也发育成熟。植物群落内的环境因子如温度、湿度、光照强度等都不同于群落外部。植物群落内的各生物物种在它们自己创造的环境中，井然有序地生活着。不同的植物群落，其群落环境因子存在明显的差异。

【实验目的】

　　（1）在掌握光照强度、温度和大气湿度测量仪器的使用和测定方法的基础上，对不同类型植物群落内的光照强度、温度和大气湿度等生态因子进行测定。

　　（2）认识不同植物群落内部生态因子以及植物群落与裸地间生态因子的差异。

【实验器材】

　　便携式光照度计，大气温度计，地表温度计，土壤温度计，空气湿度测定仪，土壤湿度计，风速测定仪。

【方法与步骤】

（一）植物群落内光照强度的测定

　　（1）选取针叶林与阔叶林两种不同类型的群落。

　　（2）分别在针叶林与阔叶林下，从林缘向林地中心均匀选取 5 个测定点，用照度计测定每一点的光照强度，并记录每次测定的数值。

（3）选择一空旷无林地（最好地面无植被覆盖）作为对照，随机测定 5 个点，用照度计测定裸地的光照强度，并记录每次测定的数值。

（二）植物群落内与对照地温湿度的测定

在上述同样的针叶林与阔叶林两种不同类型的群落以及对照地中，实施下述内容的测定：

1. 大气温湿度的测定

（1）从林缘向林地中心在 1.5 m 高处，均匀选取 5 个点，测定每一点的温度和湿度，并记录每次测定的数值。

（2）同时在空旷无林地的 1.5 m 高处，随机选取 5 个点，测定空气温度和湿度，并记录每次测定的数值。

2. 地表温湿度的测定

（1）从林缘向林地中心均匀选取 5 个测定点，用地表温度计与湿度计分别测定每一点的地表温湿度，并记录每次测定的数值。

（2）同时在空旷无林地随机选取 5 个点，同样测定地表温度与湿度。

3. 群落内土壤不同深度温湿度的测定

（1）在群落中，随机确定 2 个测定点，用土壤温度计与土壤湿度计分别测定距地表 5 cm、10 cm、15 cm、20 cm、25 cm、30 cm 和 35 cm 深处的土壤温度与湿度，并记录每次测定的数值。

（2）在空旷无林地同样随机选取 2 个点，同样测定距地表 5 cm、10 cm、15 cm、20 cm、25 cm、30 cm 和 35 cm 深处的土壤温度与湿度。

（三）风速的测定

（1）在上述同样的针叶林与阔叶林群落中，从林缘向林地中心 1.5 m 的高处，均匀选 5 个点。

（2）用风速测定仪分别测定每点的风速。

（3）同时在空旷无林地，随机选取 5 个点，测定每个点的风速。

根据测定结果，列表整理得到的气象数据，并分析针叶林、阔叶林和空旷无林地中的生态因子及其差异性。

【注意事项】

植物群落内及分析对照地的环境生态因子（如光照强度、空气温度和湿度、地表温度和湿度、土壤温度和湿度）测定，一定要在相同的时间进行，这样获得的数据才具有可比性。

【思考题】

（1）针叶林与阔叶林两种不同类型植物群落中，群落内的小气候环境有什么差异？试分析造成此种差异的原因。

（2）植物群落内的小气候环境与空旷无林地的小气候环境有什么差异？试分析造成此种差异的原因。

【探索性实验】

（1）用本实验所介绍的实验方法，在针叶林、阔叶林以及空旷无林地不同的植物群落与生境中，设置若干个观测点，从清晨 7：00 至下午 7：00 的 12 h 内，每隔 2 h 定点观测各项生态因子指标，并分析其变化规律。

（2）森林小气候是研究森林内的温、湿、光、水、风和空气成分的特征及其形成机制的学科，研究范围一般涉及林冠层以下的林中空间及林地土壤。在大部分情况下，森林小气候的特点（与空旷地相比）是：光照弱，风速小，湿度大，最高气温低而最低气温高，林中空间和林地的温度日变化和年变化都比较小。请你利用提供给你的 900ET 便携式自动气象站（包括风速、风向、光量子、空气温度和湿度、辐射和雨量、土壤温度、土壤水分等探测探头），设计一个实验方案，测试影响植物生长发育的各气象因子和土壤因子在垂直空间中的变化规律，从而加深理解环境因子对植物生长发育的影响。

（娄安如）

实验 4.2 | 植物群落物种多样性的测定

生物多样性是指生物中的多样化和变异性以及物种生境的生态复杂性。它包括植物、动物和微生物的所有种及其组成的群落和生态系统。生物多样性可分为遗传多样性、物种多样性和生态系统多样性三个层次。物种多样性具有两种含义：一是指一个群落或生境中物种数目的多寡（数目或丰富度）；二是指一个群落或生境中全部物种个体数目的分配状况（均匀度）。群落的复杂性可以用多样性指数来衡量。

植物群落的多样性是群落中所含的不同物种数和它们的多度的函数。多样性依赖于物种丰富度（物种数）和均匀度或物种多度的均匀性。两个具有相同物种的群落，可能由于相对多度的分布不同而在结构和多样性上有很大的差异。在不同空间尺度范围内，植物多样性的测度指标是不同的，通常可以分为 α 多样性、β 多样性和 γ 多样性三个范畴，其中 α 多样性是指在栖息地或群落中的物种多样性。

【实验目的】

（1）掌握植物群落多样性的 α 多样性测定方法。

（2）加深物种多样性对植物群落重要意义的认识。

【实验器材】

1. 实验器材

样方测绳（100 m），皮尺（50 m），卷尺，测高仪，GPS，海拔仪，计算器，标本夹等。

2. 调查统计表

依照表 4-1、表 4-2 和表 4-3 印制野外群落调查统计表。

表 4-1 森林群落样地基本情况调查表

调查者：		样方号：		日期：	
植物群落类型：					
地理位置　纬度：		经度：		海拔：	
地貌：			土壤类型：		
坡向：	坡度：		地形：		坡位：
群落内地质情况：			人为及动物活动情况：		

表 4-2 森林群落样方乔木层调查表

乔木层：　　　　　　　　样方面积：　　　　　　　　总郁闭度：

树种名称	株数	胸径 /cm	高度 /m	郁闭度
1				
2				
3				
4				
…				

表 4-3 森林群落样方灌草层调查表

灌草层：　　　　　　　　样方面积：　　　　　　　　总盖度：

物种名称	多度	盖度	平均高度 /cm
1			
2			
3			
4			
…			

【方法与步骤】

1. 样地的选择

样地是指能够反映植物群落基本特征的一定地段。样地的选择标准是：种类成分的分布要均匀一致；群落结构要完整，层次要分明；生境条件要一致（尤其是地形和土壤），最能反映该群落生境特点的地段；样地要设在群落中心的典型部分，避免选在两个类型的过渡地带；样地要用显著的实物标记，以便明确观察范围。在符合上述五个选择标准的基础上确定样地，并将样地基本情况记入表 4–1 中。

2. 群落类型及样方大小的选择

在野外选择一个天然次生落叶阔叶林群落，按样地的选择标准选择样地。可采用样方面积为 10 m×10 m，并将 10 m×10 m 的样方划分为 5 m×5 m 的 4 个网格的小样方。

3. 群落内各数量指标的调查

（1）乔木层数据的调查：在每个 5 m×5 m 的小样方内识别乔木层树种的数目，目测出样方的总郁闭度。然后统计每个树种的株数，测量胸径、树高以及目测每个树种的郁闭度。并将数据记录到表 4–2 中。

（2）灌草层数据的调查：在同样的 5 m×5 m 的小样方内识别灌木层中的物种数，目测每个灌木种类的盖度、平均高度以及多度。在 10 m×10 m 的样方中随机选取 5 个 1 m×1 m 的草本植物样方，然后进行草本层每个植物物种的盖度、平均高度以及多度的调查，并将数据填入表 4–3 中。

（3）地理数据的测定：运用 GPS（全球卫星定位系统）测定每个样方的经度与纬度。GPS 给出的海拔高度误差较大，所以再用海拔表校正海拔高度。用坡度仪测出样地山体的坡度，并测出坡向。判断土壤类型、土层厚度、地形以及群落内人类活动等情况。将这些数据与情况填入表 4–4 中。注意这些地理数据与群落内的其他情况记录得越详细，就越有利于对群落物种多样性高低的环境解释。

表 4–4　不同森林类型中物种多样性指数随海拔变化情况

群落类型	多样性指数	不同海拔高度（相对高差 100 m）			
		海拔 1	海拔 2	海拔 3	…
落叶阔叶林	D				
	H				
针叶林	D				
	H				
针阔叶混交林	D				
	H				

4. 多样性指数的计算

植物尤其是草本植物数目多，且禾本科植物多为丛生的，计数很困难，故采用每个物种的重要值来代替每个物种个体数目这一指标，作为多样性指数的计算依据。因此，首先按照下面的重要值的计算公式，计算出每个物种的重要值，再将每个物种的重要值代入辛普森多样性指数和香农 – 维纳多样性指数计算公式中，分别计算群落的多样性指数。

辛普森多样性指数（D）：

$$D = 1 - \sum_{i=1}^{s} P_i^2$$

式中：P_i——种 i 的重要值；

　　S——物种数目。

香农 – 维纳多样性指数（H）：

$$H = - \sum_{i=1}^{S} P_i \ln P_i$$

式中：P_i——种 i 的重要值；

　　S——物种数目。

重要值的计算方法：

$$乔木的重要值\ I_{vtr} = \frac{1}{300}（相对密度 + 相对优势度 + 相对频度）$$

$$灌木和草本植物重要值\ I_{vsh} = \frac{1}{300}（相对高度 + 相对盖度 + 相对频度）$$

式中：

$$相对密度 = \frac{每个种的密度}{所有种的密度和} \times 100$$

$$相对高度 = \frac{每个种的所有个体高度之和}{所有种个体的高度和} \times 100$$

$$相对优势度 = \frac{每个种所有个体的胸径断面积和}{所有种个体的胸径断面积和} \times 100$$

$$相对盖度 = \frac{每个种的盖度}{所有种的盖度之和} \times 100$$

【思考题】

（1）物种多样性具有什么含义？

（2）在落叶阔叶林群落中，哪一个层次对群落物种多样性的高低贡献最大？

【探索性实验】

应用辛普森多样性指数（D）与香农 – 维纳多样性指数（H）的计算方法，在同一地区，试根据表 4-4 的要求，对落叶阔叶林群落、针叶林群落和针阔叶混交林群落的物种多样性进行调查与计算，将结果填入表中，分析结果并回答下列问题：

（1）落叶阔叶林群落、针叶林群落和针阔叶混交林群落多样性随海拔升高的变化规律有何差异？为什么会有这种差异？

（2）相同海拔下，落叶阔叶林群落、针叶林群落和针阔叶混交林群落多样性有什么不同？试分析原因。

（娄安如）

实验 4.3 | 运用 DNA 条形码技术进行物种鉴定

　　DNA 条形码（DNA barcodes）是指基因组上的一小段 DNA 序列，可以特异识别物种之间的差别，这段序列的功能类似于产品通用条形码（The universal product codes），DNA 条形码存在于生物体每个细胞的基因组内。和传统分类学家基于形态的物种鉴定比，利用 DNA 条形码技术鉴别物种，降低了对研究者的分类学专业要求和对样本本身的完整性、生活史阶段的要求，提高鉴别的准确度，因此在物种分类和生态学研究中得到了广泛的推广（DNA 条码技术的应用见数字课程）。

【实验目的】

　　掌握 DNA 条形码方法和技术，掌握 DNA 提取、PCR 扩增技术，了解基因测序原理，了解目前常用的动植物、微生物条形码，认识不同条形码的优缺点和选用原则。

【实验器材】

　　1. 实验物种

　　在校园里采集多种植物材料的叶片，变色硅胶常温干燥环境保存。为了演示 DNA 条形码的用途，可在上课前，将不同材料分别剪碎，并以代号命名。

　　2. 仪器与设备

　　细胞破碎仪，水浴锅，离心机，移液枪，PCR 仪，水平电泳槽，琼脂糖凝胶电泳仪，凝胶成像仪，微波炉，镊子，计算机

　　0.2 μL PCR 管，1.5 mL 离心管，枪头，玻璃珠，Fastprep 管

　　3. 试剂

　　matK 引物：KIM_3F（5′–CGTACAGTACTTTTGTGTTTACGAG），KIM_1R（5′–ACCCAGTCCATCTGGAAATCTTGGTTC）

　　psbA – trnH：*psbA*（5′–GTTATGCATGAACGTAATGCTC），*trnH*（5′–CGCGCATGGTGGATTCACAATCC）

　　DNA 提取试剂盒，PCR mix 套装，无菌双蒸水

　　变色硅胶，琼脂糖，SYBR 荧光染料，石英砂，氯仿，无水乙醇

　　4. 软件

　　Codoncode Aligner

【方法与步骤】

　　1. 从教师提供的多种未知植物材料中，选取 2~4 种材料的碎片，分别用镊子转移到装有石英砂和玻璃珠的 Fastprep 管中，在管盖和管身同时标记材料的代码号。

　　野外植物 DNA 材料的采集和保存的注意事项见数字课程。

　　2. 用细胞破碎仪破碎样品，速度 5 级，时间 20 s。本步骤亦可采用液氮研磨。

3. 植物总 DNA 提取。使用市面上常用的植物总基因组提取试剂盒进行提取（如天根植物全基因组 DNA 提取试剂盒，货号：K0013），具体操作参考试剂盒说明书。本步骤亦可采用传统的 CTAB 法进行 DNA 提取。

4. 琼脂糖凝胶电泳检测基因组 DNA 的质量。配制 0.8%～1% 的琼脂糖凝胶，恒压 100 V，电泳 0.5 h；凝胶成像系统（紫外灯下）观察电泳结果并拍照。

5. PCR 扩增。选用 *MatK*，*psbA–trnH* 两个引物分别扩增提取的 DNA。

（1）扩增体系：每 PCR 反应管为 40 μL 反应体系混合液，包括 1× 缓冲液，4 种 dNTP 每种为 200 mmol/L，2.0 mmol/L MgCl₂，上下游引物每种 0.1 mmol/L，Taq 酶 2 个反应单位，DNA 模板 10～20 ng。所有成分加入反应管后，需在离心机低速快速离心（如：<4 000 r/min，<15 s），确保所有反应成分都在管底。

（2）PCR 扩增程序：95 ℃ 变性 5 min，94 ℃ 变性 1 min，54 ℃ 退火 50 s，72 ℃ 延伸 1.5 min，共 35 个循环；最后在 72 ℃ 下延伸 8 min。

6. 琼脂糖凝胶电泳检测 PCR 扩增结果。配制 0.8%～1% 的琼脂糖凝胶，恒压 100 V，电泳 0.5 h；凝胶成像系统（紫外灯下）观察电泳结果并拍照。

7. Sanger 测序获取每个样品的序列信息。此步骤一般送至测序公司，在 ABI3730XL 测序仪上进行。

【结果与分析】

1. 测序数据预处理

（1）将测序数据导入 Codoncode Aligner，检查测序结果是否理想，去除测序质量低的序列；

（2）如果是正反向测序，点击 Assemble 命令，拼接正反向序列

2. 和公共数据库比对，判断序列所属物种

（1）打开网址：https://blast.ncbi.nlm.nih.gov/Blast.cgi，选择核酸序列比对 "Nucleotide Blast"；

（2）将预处理完的测序数据序列逐一拷到 "Enter Query Sequence" 框中，在 "job title" 中，填写样品的代号（图 4-1）；

（3）选择 "Standard database（nr etc.）" 数据库，程序参数选择 "Highly similar sequences（megablast）" 选项，然后点击 "blast"；

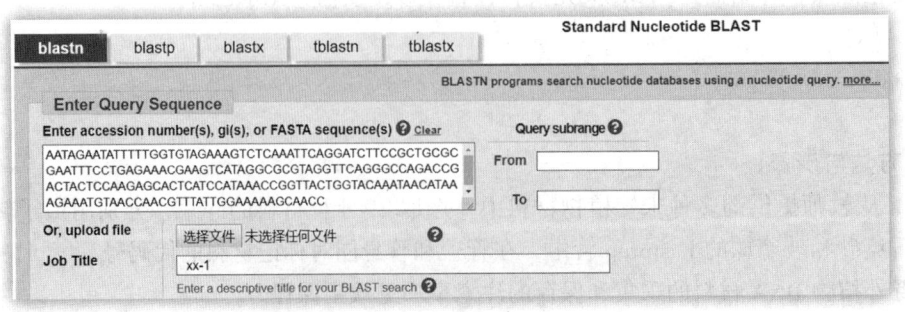

图 4-1 核苷酸序列 blast 输入界面

（4）根据 blast 结果中的 "Query Cover"，"Score"，"E value"，选择比对序列长度（Query Cover）最长，比对分值（Score）最高，比对统计显著值（E value）最小的序列，作为本实验待鉴定序列的检出物种名，记录该物种名（图4–2）。当多个比对结果具有一致的 Query Cover、Score 和 E value，则判断该待检序列可能是这些物种所在分类水平中的一种，比如某属或者某科等，记录该序列所鉴别出的分类水平。

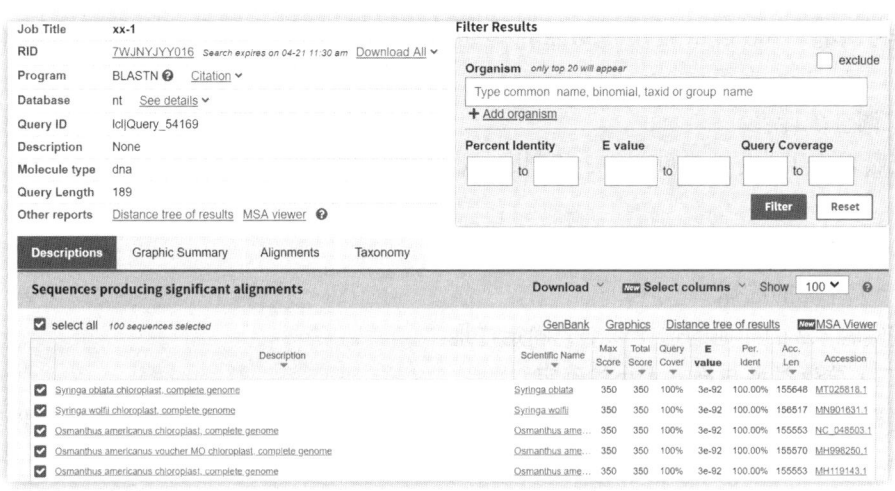

图 4–2　核苷酸序列 blast 输出界面

【思考题】

（1）与教师公布的真实物种名比较，思考条形码引物在物种鉴定方面的潜力和不足。

（2）比较两个不同引物的物种扩增情况和鉴定情况，思考 DNA 条形码引物需要满足什么条件。

（3）思考 DNA 条形码技术有哪些应用。

（王红芳）

实验 4.4 ｜ 环境因子对植物群落作用的分析

植物在生长发育过程中，需要接受多种生态因子（如光照强度、温度、水分、空气和土壤养分等）的生态作用。这些生态因子对植物的生长发育产生重要作用，进而影响到种群的数量和整个群落的结构。因此，了解环境生态因子对植物生长与分布的作用，是认识植物群落组成和结构与环境之间的相互关系的基础。

【实验目的】

了解在同一气候区内，不同海拔、坡向和坡度等地形对植物群落组成与群落类型的影响。

【实验器材】

1. 实验器材

样方测绳（100 m），皮尺（50 m），样方框（1 m×1 m），卷尺，计算器，测高仪，海拔表，GPS，标本夹等。

2. 调查统计表

依照表 4-1、表 4-2 和表 4-3 印制野外群落调查统计表。

【方法与步骤】

（一）样地的选择

按实验 4.2 的样地的选择标准，确定样地。

（二）群落类型与样方大小的确定

选择同一海拔的南北两个山体坡面的次生阔叶林群落、南北两个坡面的灌丛群落和南北两个坡面的草地群落。按照样地选择原则设置样方。

相同群落类型的南北两个坡面，要设置同样大小和同样数目的样方。次生阔叶林群落，样方选 10 m×10 m，分乔、灌、草三个层次进行数据统计；灌丛群落，样方选 5 m×5 m，分灌、草两个层次进行数据统计；草本群落，样方选 1 m×1 m，统计样方内的所有植物种类及其各数量特征；次生阔叶林与灌丛群落，样方重复 3 次；草本群落，则样方重复 5 次。

（三）群落内各数量指标的调查

1. 次生阔叶林群落各数量指标的调查

乔木层数据的调查：在 10 m×10 m 的样方内识别乔木层总共有多少个树种，目测出样方的总郁闭度，然后统计每个树种的株数，测量胸径、树高以及目测每个树种的郁闭度，并将数据记录到表 4-2 中。

灌草层数据的调查：首先在同样的 10 m×10 m 的样方内识别灌木层中的物种数，目测每个灌木种类的盖度、平均高度以及多度，然后进行草本层每个植物物种的盖度、平均高度以及多度的调查，并将数据填入表 4-3 中。

2. 灌木群落各数量指标的调查

首先在 5 m×5 m 的样方内识别灌木层中的物种数，目测每个灌木种类的盖度、平均高度以及多度，然后进行草本层每个植物物种的盖度、平均高度以及多度的调查，并将数据填入表 4-3 中。

3. 草本群落各数量指标的调查

在 1 m×1 m 的样方内识别并记录草木层中的所有植物种数，目测每个植物种类的盖度、平均高度以及多度。并将数据填入到表 4-3 中。

（四）地理数据的测定

运用 GPS（全球卫星定位系统）测定每个样方的经度与纬度。由于 GPS 给出的海拔高度误差较大，应用海拔表校正海拔高度。用坡度仪测出样地山体的坡度，并测出坡向。判断土壤类型、土层厚度、地形以及群落内人类活动等情况。将这些数据与情况填入表 4-1 中。注意这些地理数据与群落内的其他情况记录得越详细，就越有利于对群落物种多样性高低的环境解释。

【思考题】

（1）南、北两个坡面种类组成有什么不同？

（2）相同的种类，它们的各项数量特征有什么不同？

（3）环境因子对南坡与北坡两个群落的组成与结构有什么作用？

（娄安如）

实验 4.5　天然次生林与人工林群落特性的比较

植物群落是指在相同时间聚集在同一地段上的各植物种群的集合。一个自然植物群落内，各物种之间的相互关系以及物种对环境的适应性是在群落的形成过程中形成的，因此，原始的植物群落与人工植物群落相比，在物种组成、群落结构、发展趋势以及群落内部环境方面存在着差异。

本实验通过对天然次生林群落与人工林群落的对比研究，探寻天然次生林群落与人工林群落在群落组成、结构群落的发展趋势以及生物多样性等方面的差异，充分认识自然植物群落在维持生态系统的生物多样性、稳定性以及对环境改造作用的重要性。

【实验目的】

（1）了解天然次生林群落与人工林群落在群落组成与结构等方面的差异。

（2）了解两类植物群落在维持生态系统稳定性与生物多样性方面的作用。

【实验器材】

1. 实验器材

样方测绳（100 m），皮尺（50 m），卷尺，测高仪，GPS，海拔仪，计算器，标本夹等。

2. 调查统计表

依照表 4-1、表 4-2 和表 4-3 印制野外群落调查统计表。

【方法与步骤】

1. 样地的选择

在山区林场选择一个典型的天然次生林群落和一个种植至少 3 年以上的人工林群落。

2. 样方大小的选择

在温带地区，无论天然次生林群落还是人工林群落样方面积均采用 10 m×10 m。在具体调查该群落的数量特征时，将 10 m×10 m 的乔木样方均分为 4 个 5 m×5 m 的小样方，再在每个小样方中随机选取一个 1 m×1 m 草本植物样方。这样分层调查的样方数一共有 1 个 10 m×10 m 乔木样方，2 个 5 m×5 m 灌木样方和 4 个 1 m×1 m 草本植物样方。

3. 群落内不同层次各数量指标的调查

（1）乔木层数据的调查：在每个 5 m×5 m 的小样方内识别乔木层树种的数目，目测出样方的总郁闭度。然后统计每个树种的株数，测量胸径、树高以及目测每个树种的郁闭度，并将数据填入表 4–2 中。

（2）灌草层数据的调查：在 4 个均分的 5 m×5 m 灌木样方中随机选取 2 个灌木样方。在灌木样方中，识别灌木层中的物种数，目测每个灌木种类的盖度、平均高度以及多度。然后在 1 m×1 m 草本样方中，统计每个植物物种及其盖度、平均高度以及多度等数据，并将数据填入表 4–3 中。

（3）地理数据的测定：运用 GPS（全球卫星定位系统）测定每个样方的经度与纬度。GPS 给出的海拔高度误差较大，所以再用海拔表校正海拔高度。用坡度仪测出样地山体的坡度，并测出坡向。判断土壤类型、土层厚度、地形以及群落内人类活动等情况。将这些数据与情况填入表 4–1 中。注意这些地理数据与群落内的其他情况记录得越详细，就越有利于对群落物种多样性高低的环境解释。

在上述选择的天然次生林群落样地和人工林群落样地内，重复步骤（1）与（2）2~3 次。

4. 数据的整理

进行数据整理与分析，撰写研究报告。

【思考题】

（1）天然次生林群落与人工林群落在群落组成和结构方面有什么差异？
（2）试分析两群落的发展趋势与稳定性。

（娄安如）

实验 4.6 | 植物群落交错区生态学特征的调查分析

群落交错区（ecotone），又称生态过渡带，是两个或多个群落之间的过渡区域。如森林和草原之间有一森林草原地带，两个不同森林类型之间或两个草本群落之间也都存在交错区。群落交错区的形状与大小各不相同：有的宽，有的窄；有的是逐渐过渡的，有的则变化突然；群落的边缘有的是持久性的，有的在不断变化。

群落交错区是一个交叉地带或种群竞争的紧张地带。在这里，群落中种的数目及一些种群密度比相邻群落大。通常在群落交错区中物种的数目及一些种的密度都有增大的趋势，这种效应称为边缘效应（edge effect）。如我国大兴安岭森林边缘，具有呈狭带状分布的林缘草甸，每平方米的植物种数达 30 种以上，明显高于其内侧的森林群落与外侧的草原群落。美国伊利诺伊州森林内部的鸟仅登记 14 种，但在林缘地带达 22 种。一块草甸在耕作前每 100 英亩面积上有 48 对鸟，而在草甸中进行条带状耕作后增加到 93 对。

【实验目的】
（1）了解群落交错区在群落组成与结构等方面与其相邻两群落的差异。
（2）了解群落交错区在维持生态系统中物种多样性方面的重要作用。
（3）掌握群落交错区物种多样性的调查统计方法。

【实验器材】
样方测绳（100 m），皮尺（50 m），卷尺，测高仪，GPS，海拔仪，计算器，标本夹等。

【方法与步骤】
（一）野外调查样地的选择
在野外选择一个比较明显的植物群落交错区作为研究样地，如山地落叶阔叶林与山地灌丛群落以及它们之间的过渡带。
（二）样方大小的选择
在森林群落与森林 – 灌丛群落中样方大小均采用 10 m × 10 m。在具体调查群落的数量特征时，将 10 m × 10 m 的乔木样方均分为 4 个 5 m × 5 m 的小样方，以便于调查统计。再在每个 5 m × 5 m 的小样方中随机选取一个 1 m × 1 m 的草本植物样方。这样对于森林群落和森林 – 灌丛群落中分层调查的样方数为 1 个 10 m × 10 m 乔木样方、2 个 5 m × 5 m 灌木样方和 4 个 1 m × 1 m 草本植物样方。对于灌丛群落，样方面积采用 5 m × 5 m。
（三）群落内不同层次各数量指标的调查
1. 森林群落各数量指标的调查
（1）乔木层数据的调查：在每个 5 m × 5 m 的小样方内识别乔木层树种的数目，目测出样方的总郁闭度。然后统计每个树种的株数，测量胸径、树高以及目测每个树种的郁闭度。
（2）灌草层数据的调查：在 4 个均分的 5 m × 5 m 灌木样方中随机选取 2 个灌木样方。在灌木样方中，识别灌木层中的物种数，目测每个灌木种类的盖度、平均高度以及多度。然后在 1 m × 1 m 的草本样方中，统计每个植物物种及其盖度、平均高度以及多度等数据。
2. 森林 – 灌木群落中各数量指标的调查
方法与统计内容同森林群落各数量指标的调查。

3. 灌木群落中各数量指标的调查

（1）在 5 m×5 m 灌木样方中，识别灌木层中的物种数，目测每个灌木种类的盖度、平均高度以及多度。

（2）在 5 m×5 m 灌木样方中，沿两条对角线共选取 4 个 1 m×1 m 草本样方，分别统计每个植物物种的盖度、平均高度以及多度等数据。

在上述选择的各样地内，重复方法与步骤（三）2~3 次。

（四）地理数据的测定

运用 GPS（全球卫星定位系统）测定每个样方的经度与纬度。由于 GPS 给出的海拔高度误差较大，所以再用海拔表校正海拔高度。用坡度仪测出样地山体的坡度，并测出坡向。判断土壤类型、土层厚度、地形以及群落内人类活动等情况。将这些数据与情况填入表 4-1 中。注意这些地理数据与群落内的其他情况记录得越详细，就越有利于对群落物种多样性高低的环境解释。

（五）数据的整理

进行数据整理与分析，撰写研究报告。

【思考题】

（1）森林 – 灌丛群落交错区与森林群落和灌丛群落在群落组成和结构方面有什么差异？

（2）您所调查的森林 – 灌丛群落交错区中，植物物种与种的个体数量与其相邻的森林群落和灌丛群落相比有增长的趋势吗？试分析其原因。

（娄安如）

实验 4.7 | 植物群落的排序与分类

排序（ordination）就是把一个地区内所调查的群落样地按照相似程度来排序，从而分析各样地之间及其与生境之间的相互关系。

排序方法可分为两大类：一是直接排序（direct ordination），即以群落生境或其中某一生态因子的变化排定样地生境的位序，又称为直接梯度分析（direct gradient analysis）或梯度分析（gradient analysis）；另一类排序是群落排序，是用植物群落本身的属性（如种的出现与否，种的频度、盖度等）排定群落样地的位序，称为间接排序（indirect ordination），又称间接梯度分析（indirect gradient analysis）或组成分析（compositional analysis）。

排序首先要降低空间的维数，即减少坐标轴的数目。如果可以用一维坐标来描述实体，则实体点就排在一条直线上；用二维坐标描述实体，点就排在平面上，都是很直观的。如果用三维坐标，也可勉强将实体表现在立体图形上，一旦超过三维就无法表示成直观的图形。因此，排序总是力图用二、三维的图形去表示实体，以便于直观地了解实体点的排列。但是，排序的方法应该使得由降维引起的信息损失尽量少，即发生最小的畸变。

通过排序可以显示出实体在属性空间中位置的相对关系和变化趋势。如果它们构成分离的若干点集，也可达到分类的目的；结合其他生态学知识，还可以用来研究演替过程，找出演替的客观数量指标。如果我们既用物种组成的数据，又用环境因素的数据去排序同一实体集合，根据两者的变化趋势，容易揭示出植物种生长、分布与环境因素的关系，从而提出生态解释的假设。如果同时用这两类不同性质的属性（种类组成及环境）去对实体进行排序，更能找出两者的关系。

最早使用的间接梯度分析方法是极点排序法。其后，主成分（或主分量）分析（principal components analysis，简称 PCA 法）问世，它具有严格的数学基础，是所有近代排序方法中用得最多的一种。

主成分分析（PCA）的一般过程如下：

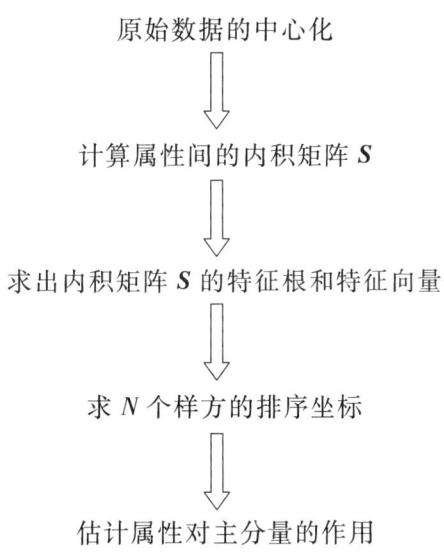

原始数据的中心化

⬇

计算属性间的内积矩阵 S

⬇

求出内积矩阵 S 的特征根和特征向量

⬇

求 N 个样方的排序坐标

⬇

估计属性对主分量的作用

上述各步骤的具体计算方法请参见阳含熙和卢泽愚（1981）编写的《植物生态学的数量分类方法》一书。

【实验目的】

（1）使学生能够加深理解植物群落排序与分类的意义，认识植物群落分布与环境之间的相互关系。

（2）通过植物群落排序与分类，帮助学生加深理解植物群落分布既有连续性的一面又有间断性一面的特性。

（3）掌握主成分分析的方法，并了解其他排序的方法。

【实验器材】

Windows 操作系统的计算平台，主成分分析（PCA）、典范分析（canonical correspondence analysis，CCA）、无趋势对应分析（detrended correspondence analysis，DCA）、TWINSPAN 二维指示种分类等方法的软件包。

【方法与步骤】

（1）在野外选择随海拔升高（或沿某一环境梯度方向）植被类型发生比较明显更替的区域，沿海拔升高或某一环境梯度方向，根据当地地形与植物群落特点设置植物群落样方（样地与样方的选择请参见实验 4.4 中的方法），获取排序与分类所需的群落学参数数据。

（2）根据需要获取研究区域的气象资料与地理参数数据，通过做土壤剖面样方获取土壤有机质含量，pH，土壤有效氮、磷、钾等参数数据。

（3）在学习掌握植物群落排序与分类原理与方法的基础上，选择一种排序与分类方法，根据野外考察所获得的植物群落属性样方数据、环境因子数据，进行植物群落的排序与分类。

（4）对于得到的排序或分类结果，给出环境解释。

【思考题】

（1）什么是排序？排序方法可分为哪两类，各有什么特点？

（2）群落的分类和排序有何不同与联系？排序在生态学研究中有什么意义？

（娄安如）

第五部分

生态系统生态学

实验 5.1 | 黑白瓶法测定淡水生态系统初级生产力

　　生态系统的初级生产过程主要是植物群落的光合作用过程。光合作用过程是吸收 CO_2 和释放 O_2，呼吸作用则是吸收 O_2 和释放 CO_2。因此，测定生态系统中 O_2 和 CO_2 含量的变化，是研究生态系统的生产过程和呼吸过程的主要手段。黑白瓶氧气测定法（简称黑白瓶法）就是通过测定光合作用所产生的氧的量和呼吸作用消耗水中溶解氧的量，来估算水域生态系统总光合量中的净生产量。由于光合作用释放氧的总量与生产有机物质的总量成正比，所以总光合量能代表总生产量，净光合量能代表净生产量。

　　黑白瓶法一般只适用于初级生产者为浮游植物的水域生态系统。

【实验目的】

（1）掌握水域生态系统初级生产力的测定方法。

（2）了解水域生态系统初级生产力在垂直空间中的分布规律，评价该水域生态系统的优劣。

【实验器材】

1. 仪器与设备

采水瓶（250 mL 细口薄玻璃磨口试剂瓶），黑色塑料布袋（套在细口瓶外，以不透光为原则），线绳，采水瓶支架（可自制），浮子，采水器，白塑料布块，吸管，剪刀，水下照度计，铁架台，天平，三角瓶，移液管，滴定管等。

2. 试剂

参见实验 2.3。

【方法与步骤】

1. 水域生态系统的选择

选择一个水深不小于 3 m 的湖泊，作为测定淡水水域生态系统初级生产力的场所。同时租用船只以备实验之用。注意采水和挂瓶的地方应当比较开阔，不要有大树或高楼遮挡了光。

2. 挂瓶层数

一般浅水湖泊可在水深 0.0 m、0.5 m、1.0 m、2.0 m 和 3.0 m 处分 5 层挂采水瓶。布置两套采水瓶支架作为重复样本。按照设计水层安装好采水瓶支架。每层支架可挂两个采水瓶（包括一个用黑塑料布袋包住不透光的黑瓶和一个白瓶），各层另有一个初始采水瓶。对于较深的湖泊，采水层需要用水下照度计测量照度后再确定挂瓶层数，即先测定水中有光层的深度（接受表面照度 1%），按照表面照度 100%、50%、25%、10%、1% 的深度分层。

3. 取样与挂瓶曝光

首先，对各层的挂瓶进行编号。取水要用专用的采水器，每层各瓶中所灌入的水样一定要是采水器同一次采集的水。在向每层瓶中灌水时，一定要把采水器的胶管插入瓶底，待瓶灌满后还要继续灌入，使溢流出瓶容积的 1/3 ~ 1/2 的水量，以保证在瓶中没有混入空气。初始瓶中要立即加入硫酸锰与碱性碘化钾对溶解氧进行固定，盖紧瓶塞，装入采集筐中。对用作黑瓶的要先盖紧瓶塞，再用黑塑料布袋将其套住，并用线绳将袋口扎紧。对用作白瓶的，在盖紧瓶塞后，再用透明塑料布将瓶口扎紧。然后，将同一层的黑、白瓶的瓶颈牢固地固定在支架上。待各层水样采集处理完成后，在支架的上面系上浮子，立即将挂瓶支架放入水中进行曝光培养。注意在支架下面坠一个重物，使支架保持垂直状态和不致被风吹走。

4. 曝光时间与取瓶

一般采水瓶需要在水中悬挂 24 h（或根据实际情况决定悬挂时间）。按时取出支架，将挂瓶从支架上解下来，打开瓶塞，分别加入硫酸锰与碱性碘化钾，对黑、白瓶进行溶解氧的固定。如果光合作用很强，氧过饱和，在瓶中形成大的氧气泡，应将瓶稍微倾斜，小心打开瓶塞加入固定剂，然后带回实验室进行测定。

5. 溶解氧的测定

测定各层各瓶水样中的溶解氧：测定方法详见实验 2.3。

6. 计算

（1）水层日生产量 [mg（O₂）/L] 的计算方法

$$净生产量 = 白瓶溶解氧量 - 初始瓶溶解氧量$$
$$呼吸作用量 = 初始瓶溶解氧量 - 黑瓶溶解氧量$$
$$总生产量 = 净生产量 + 呼吸作用消耗量$$

（2）水柱日生产量 [g（O₂）/m²] 及其计算方法：水柱日生产量是指面积为 1 m²、从水表面到水底的整个柱形水体的日生产量，可用算术平均值累计法计算。例如，假定某水体某日在水深 0.0 m、0.5 m、1.0 m、2.0 m、3.0 m、4.0 m 处总生产量分别是 2、4、2、1、0.5、0.0 mg（O₂）/L，则某水柱毛生产量的计算过程如表 5-1 所示。

表 5-1 水柱总日产量的计算

水层 /m	各水层的体积 /L	每升平均日产量 / $[\text{mg}(O_2) \cdot L^{-1} \cdot d^{-1}]$	每平方米水面下各水层日产量 / $[\text{g}(O_2) \cdot m^{-2} \cdot d^{-1}]$
0.0 ~ 0.5	500	$\dfrac{2+4}{2}=3$	$\dfrac{3 \times 500}{1\,000}=1.5$
0.5 ~ 1.0	500	$\dfrac{4+2}{2}=3$	$\dfrac{3 \times 500}{1\,000}=1.5$
1.0 ~ 2.0	1 000	$\dfrac{2+1}{2}=1.5$	$\dfrac{1.5 \times 1\,000}{1\,000}=1.5$
2.0 ~ 3.0	1 000	$\dfrac{1+0.5}{2}=0.75$	$\dfrac{0.75 \times 1\,000}{1\,000}=0.75$
3.0 ~ 4.0	1 000	$\dfrac{0.5+0}{2}=0.25$	$\dfrac{0.25 \times 1\,000}{1\,000}=0.25$
0.0 ~ 4.0 （水柱产量）			5.50

由表 5-1 可知，水柱总生产量为 5.50 g（O_2）/（$m^2 \cdot d$）。

根据光合作用反应式，产氧量可粗略换算为固定碳的量或有机物（葡萄糖）生成量。光合作用反应式为：

$$6CO_2 + 12H_2O \longrightarrow C_6H_{12}O_6 + 6O_2 + 6H_2O$$

即 6 mol CO_2 被固定，将生成 1 mol 葡萄糖（$C_6H_{12}O_6$），并释放 6 mol 氧气。因此产氧量和葡萄糖的当量关系是：放出 1 g O_2，相当于合成了 0.937 5 g 葡萄糖，固定了 0.375 g 碳。因此可通过测定水中溶氧的变化间接计算有机物的生成量。

上述例子中，每平方米水体每天产生有机物为 5.16 g，固碳 2.06 g。

注：由于光合作用途径和同化产物的不同，会导致上述的当量关系发生变化，也就是生态系统实际的有机物生成量和固碳量与计算值是有偏差的（Kromkamp et al., 2017）。

【思考题】

（1）淡水生态系统初级生产力的高低受什么因素影响？

（2）淡水生态系统初级生产力的高低在空间分布上有什么规律？

【探索性实验】

根据上述实验提供的实验条件，请你设计一个实验方案来测定该淡水生态系统初级生产力与光照度之间的关系。

（周云龙，娄安如）

实验 5.2 | 叶绿素测定法估测淡水生态系统初级生产力

植物依赖叶绿素进行光合作用，将太阳能转换为化学能贮存于生物体内，这就是生态系统的初级生产。在淡水湖泊与池塘生态系统中，浮游藻类是该系统中初级生产者的重要组成部分。虽然藻类随种类不同含有的色素也各有不同，但都含有叶绿素 a，它在光合作用过程中发挥着重要作用。因此，实际工作中我们通常通过观测叶绿素 a 的含量，来估测藻类的初级生产力，并使用叶绿素 a 含量的高低来代表藻类初级生产力水平的高低，不需要再换算为能量单位。这也是应用卫星遥感进行大洋生态系统初级生产力估测的基本原理。提取植物色素观测叶绿素 a 水平的方法也可以用于观测其他类型的水生植物。

叶绿素 a 含量的测定方法有分光光度法和荧光分光光度法。在此我们以分光光度法为例开展实验。该方法的原理是，以丙酮溶液提取浮游藻类色素，依次在 750、664、647 和 630 nm 波长下测定提取液的吸光度值，以 90% 丙酮作为参照，按 Jeffrey–Humphrey 方程计算，可得出提取液中叶绿素 a 的含量。

【实验目的】

（1）掌握通过观测叶绿素 a 来估测初级生产力的方法。

（2）了解湖泊或池塘这样的静水生态系统初级生产力的水平分布和垂直分布。

【实验器材】

1. 仪器与设备

采水瓶（250~500 mL，细口薄玻璃磨口试剂瓶），标上刻度的线绳，采水瓶支架（可自制）；抽滤设备（包括真空泵、负压表、抽滤瓶等）；玻璃纤维滤膜（孔径 0.4~0.8 μm），或孔径 0.45 μm 的纤维素酯微孔滤膜；剪刀、镊子；带有螺帽和刻度的离心管（不小于 10 mL），离心机（4 000 r/min）；棕色试剂瓶（100 mL，1 000 mL 各 1 个）、量筒（100 mL、200 mL、1 000 mL 各 1 个）；冰箱；紫外可见分光光度计（波带宽度应小于 3 nm，吸光值可读到 0.001 单位）。

2. 试剂

（1）1% 碳酸镁悬浮液：称取 1 g 分析纯碳酸镁，加水到 100 mL，搅匀，倒入试剂瓶中待用。用时需再摇匀。

（2）丙酮溶液（90% 或 95%）：量取 900 mL 或 950 mL 丙酮于 1 000 mL 量筒中，定量到 1 000 mL，保存在棕色试剂瓶中。

【方法与步骤】

1. 水样采集

在校园或其附近的池塘中采水样，根据情况在池塘岸边和中央布点，可反映水平分布；每个点上根据水深情况在垂直方向不同水深再取两个样，来反映垂直分布情况。根据水体浮游藻类量的多少，采集 500~1 000 mL 水样，放入棕色玻璃瓶或深色塑料瓶中，每升水样加入 1% 的碳酸镁悬浊液 1 mL，混匀，以防止酸化引起的色素溶解。

2. 样品制备

将微孔滤膜放置在连接有真空泵的抽滤器上，量取 50~250 mL 混匀水样进行抽滤。抽滤时负压不应超过 20 kPa，逐渐减压，在水样刚刚完全通过滤膜时结束抽滤。用镊子将滤膜取出，将有样品的一面对折，用滤纸吸干剩余水分（如样品不能及时提取，应将吸干水分的滤膜对折，外套上滤纸或铝箔，置于含干燥剂的干燥器内，放入 0℃ 以下的冰箱中保存）。

3. 提取

将带有样品的滤膜剪碎，放入带有螺帽的离心管中，向离心管中加入 90% 丙酮溶液 10 mL，旋紧螺帽剧烈摇振一会儿后，放置于 4℃ 冰箱中避光放置 4~24 h 备用。

4. 离心

将离心管放入离心机中，以 3 500 r/min 的速度，离心 15 min。

5. 测定

小心地将离心后的上清液倒入 1 cm 比色皿中，以 90% 丙酮溶液做参比，分别在 750、664、647、630 nm 波长处测定吸光度值。其中 750 nm 处的观测值用于校正提取液的浊度，当该处的吸光度值超过 0.005 时，应将提取液重新离心。

6. 计算

分别把 664、647、630 nm 波长处测定的吸光度值减去 750 nm 处的观测值进行校正，将校正后的吸光度值 E_{664}、E_{647} 和 E_{630} 按如下公式计算叶绿素 a 的含量：

$$叶绿素 a 含量（\mu g/L）= （11.85 E_{664} - 1.54 E_{647} - 0.08 E_{630}）V_0/V \times L$$

式中，V_0 为样品提取液体积（mL），V 为水样的实际用量（L），L 为测定池光程（cm）。

【思考题】

（1）叶绿素 a 测定法除了可用来评价水体初级生产力外，还可以用于评价水域生态系统哪些特性？该方法可用于评价陆地生态系统的初级生产力么？

（2）叶绿素 a 测定法及黑白瓶法测定初级生产力各有什么优缺点？在哪些情况下两种方法的测定结果可能会出现较大的差异？

【探索性实验】

根据上述实验提供的实验条件，请你设计一个实验方案来判定不同季节湖泊垂直方向初级生产力的变化。哪个季节垂直方向初级生产力变化大？

注：上述方法除测定叶绿素 a 含量外，还可以根据需要测叶绿素 b 和叶绿素 c 的含量，公式如下：

$$叶绿素 b 含量（\mu g/L）= （21.03 E_{647} - 5.43 E_{664} - 2.66 E_{630}）V_0/V \times L$$
$$叶绿素 c 含量（\mu g/L）= （24.52 E_{630} - 1.67 E_{664} - 7.60 E_{647}）V_0/V \times L$$

式中 V_0、V、L 与叶绿素 a 含量计算公式相同。

（牛翠娟）

实验 5.3 | 不同生态系统中土壤有机质含量的比较

由于受地理位置、气候、土壤以及地形等因素的影响，地球表面存在着多种多样的生态系统。其中植物群落是陆地生态系统中的主要类型。通常，在温度高、湿度大的植物群落中，土壤中动植物残体的分解速率快，而在低温、干燥的植物群落中，动植物残体的分解速率慢，因而土壤中易积累有机物质。腐烂的有机物质为生长在土壤中的植物提供了养分。土壤中的有机质含量越高，对扎根生长于其中的植物就越有利。因此，准确测定土壤中有机质含量的高低具有重要的意义。

【实验目的】

（1）通过该实验，使学生掌握土壤中有机质含量的测定方法。

（2）理解不同生态系统中有机物分解率的特征以及影响土壤有机质含量积累高低的影响因子。

【实验器材】

铁锹，2 m 长的卷尺，布袋若干，天平，标签，标记笔，高温电炉（马福炉），坩埚等。

【方法与步骤】

（1）在野外选择一个森林群落和一个灌丛群落。

（2）在森林群落和灌丛群落内，分别清理出一块取样地（如清理掉树叶、细枝、树皮等杂物），以便露出下面的土层。

（3）用铁锹挖一个土壤剖面，直到分出表土层的厚度，在表土层的中部采集 50 cm³ 的土样，放入布袋中并用标签与标记笔做好标记，在取样的同时测量一下表土层的厚度。

（4）重复上述方法与步骤（2）和（3）两次，即一个群落中保证有 3 个重复样品。

（5）将取回的土样放在阳光下晾晒几天，使土样中水分蒸发掉。

（6）样品干燥后分别称重，并把结果记录在表 5-2 中。

（7）确保干燥土壤样品中没有诸如树叶、嫩枝、树皮等杂质。

（8）将土壤样品放入坩埚，置于马福炉中，在 500 ℃ 下燃烧 4 h，让土壤样品中的有机物质充分燃烧。

（9）待样品放凉后，再分别称重，将结果也填入表 5-2 中。

【思考题】

（1）森林群落与灌丛群落环境下，哪一个土壤中的有机质含量高？为什么？

（2）影响土壤中有机质含量高低的因素有哪些？

（3）比较森林群落与灌丛群落中土壤表土层的厚度，并试着解释其原因。

表 5-2　土壤有机质含量测定记录表

类型	干燥前的质量 /g				干燥后的质量 /g				有机物质的含量 /%				无机物质的含量 /%			
	1	2	3	平均	1	2	3	平均	1	2	3	平均	1	2	3	平均
森林中的土壤																
灌丛中的土壤																

【探索性实验】

1. 在学校周围选择一个较浅的湖泊，分别在湖心区和湖岸区取土壤，测定各区段土壤的有机质，比较并分析原因。

2. 如果有条件，请再比较其他群落土壤中有机质含量的高低，并解释其原因。

（娄安如）

实验 5.4 | 森林生态系统中枯枝落叶层的分解速率及其含水率与可燃性特性的测定

　　森林下层的枯枝落叶层是指由倒伏的树木、凋落的枯枝条、花与叶以及其他自然枯败物所组成的覆盖物。在一个森林生态系统中，枯枝落叶层中的枯枝落叶的分解速率受环境因子、被分解物的质量和分解者类型数量的影响。不同的生境有不同的群落类型与不同的分解者，分解指数（K）是判断生态系统中枯落物分解速率和物质还原的有用指标。分解指数的高低可以判断一个生态系统中土壤储存有机质含量的高低。

　　此外，在一个自然森林生态系统中，枯枝落叶层往往已经堆积了许多年。森林火灾是森林安全的最大威胁。在许多国家，人们通常采用可控燃烧枯枝落叶层来达到消除枯枝落叶层的堆积。可控燃烧是森林消防队伍常用的一种技术，它可以预防不可控制森林火灾的发生，减少森林被烧的损失。如果每隔 2～3 年有控制地燃烧枯枝落叶层，枯枝落叶层就失去了助燃的作用，森林火灾就很容易被扑灭。

　　本实验对比分析硬阔林（主要树种为木材密度大的树木，如蒙古栎、辽东栎、水曲柳、栗树等）与软阔林（主要树种为木材密度小的树木，如白桦、柳树、杨树等）枯枝落叶层的分解指数、截流和储存水分能力以及枯枝落叶层的易燃性。了解这些指标的性质，对理解生态系统的分解速率和养分转化效率、制定预防森林火灾的管理措施与减少森林火灾的损失，具有重要意义。

【实验目的】

（1）掌握陆地生态系统中分解亚系统调查的基本方法。

（2）了解不同生态系统枯枝落叶层的差异。

（3）了解硬阔林与软阔林枯枝落叶层截流水分与储存水分能力的差异。

（4）了解硬阔林与软阔林枯枝落叶层含水率与可燃性的差异。

【实验器材】

尺子，布袋若干，烘箱，托盘，1 000 mL 的烧杯，秤，镊子，火柴，药瓶，铁锹等。

【方法与步骤】

1. 不同森林类型枯枝落叶层分解指数的测定

（1）在野外选择一片硬阔林（如蒙古栎林）与软阔林（如白桦林）作为研究区域。

（2）在硬阔林（如蒙古栎林）与软阔林（如白桦林）的枯枝落叶层中分别做两个 1 m×1 m 的样方。各重复两个样方。

（3）在所取样方内，将地面枯落物按枝、叶、果分开，再根据各类枯落物的分解程度将其分为 3 个等级，即：

① 未分解枯落物：枯落物无腐烂现象及动物噬咬的痕迹，枯落物完整或仅因为非生物的机械作用而有碎裂，多为当年刚刚凋落的枯落物。

② 部分分解的枯落物：有显著的土壤动物噬咬的痕迹，枯落物的颜色发生明显的变化，组织松软易碎，或有菌丝侵入。

③ 碎屑：枯落物的分解较完全，从外表已无法分辨其所属的器官。碎屑是腐殖层的重要组成部分，常与土壤颗粒混在一起。为了统计碎屑的数量，常采用钢卷尺测量碎屑层的厚度（从土层表面的厚度到含有碎屑土层的最深处的厚度）来表示。

（4）将每一样方内所有分类统计的枯落物分别装入布袋中，称重并做好数据记录和布袋标记。

（5）将带回来的各布袋中的枯落物分别放入 80℃的烘箱中烘至恒重，称重并记录实验数据。将结果填入表 5-3 中。

表 5-3 不同森林类型中各种不同分解级别的枯落物的数量统计（平均值）

森林生态系统类型	果实干重 /g		枝条干重 /g		叶干重 /g		碎屑厚度 /cm
	未分解	已分解	未分解	已分解	未分解	已分解	
硬阔林							
软阔林							

（6）根据得到的数据分别测算生态系统的分解指数。

$$K = \frac{1}{X}$$

式中：K——生态系统的分解指数；

　　I——死有机物质年输入总量；

　　X——系统中的死有机物质的现存量。

2. 不同森林类型中枯枝落叶层的性质比较

在上述调查数据的基础上，调查统计下列内容：

（1）测量不同森林类型中枯枝落叶层的平均厚度。

（2）分别统计 1 m×1 m 样方枯枝落叶层中的动物以及表土下 10 cm 以内的土壤动物：

① 用镊子拣取枯落物中的动物以及表土下 10 cm 以内的土壤动物放入药瓶中，并对该层土壤动物进行分类与计数。

② 在每一样地中取枯落物与土壤样品各两份，带回实验室，各称取 200 g，一份直接置于体视显微镜下观察其内的中小型土壤动物，另一份风干后在烧杯中充分搅匀，几天后置于光学显微镜下观察原生动物。将上述统计结果填入表 5–4 中。

（3）结合表 5–3 的内容，分析硬阔林与软阔林中枯枝落叶层的不同之处。

3. 硬阔林与软阔林中枯枝落叶层含水率与可燃性的测定

将在上述过程中得到的相关数据整理后填入表 5–5 中。

（1）分别计算硬阔林与软阔林枯枝落叶层的含水率。

（2）分别从得到的干燥的硬阔林与软阔林枯枝落叶层的叶片中，抽取 3～5 片，放入盛有水的烧杯中，经过 3～5 min（时间可自行决定，以获得好的实验效果为准）后，同时取出放入托盘中，用火柴分别点燃它们，观察哪种叶子容易燃烧。

表 5–4　硬阔林与软阔林下分解动物的类群统计　　　　　单位：种

动物类型	硬阔林	软阔林
小型土壤动物种类		
中型土壤动物种类		
大型土壤动物种类		
合计		

表 5–5　不同森林类型中枯落物中水分含量统计（平均值）　　　　　单位：g

森林生态系统类型	果实		枝条		叶		花	
	鲜重	干重	鲜重	干重	鲜重	干重	鲜重	干重
硬阔林								
软阔林								

【思考题】

（1）硬阔林与软阔林枯枝落叶层的属性有什么不同？

（2）硬阔林与软阔林的系统分解指数哪个高？为什么？

（3）硬阔林与软阔林枯枝落叶层的截流与储存水分的能力哪个强？为什么？

（4）硬阔林与软阔林枯枝落叶层的可燃性哪个高？如何防止这两类森林的自然火灾发生？

（娄安如）

实验 5.5 ｜ 水域生态系统中氮、磷对藻类生长的影响

藻类的生长与水体中营养盐的种类和含量关系密切。根据利比希的"最小因子定律"，即植物的生长受到它所需要的，而且是存在量最低的营养物质的限制。这种物质就成为该植物的限制因子。如果增加这种物质，就可以促进植物的增长。藻类在水体中的生长同样也遵循"最小因子定律"。一般认为，限制藻类生长的营养元素主要是氮和磷。因此，氮、磷的含量变化就会直接影响藻类的生长和生物量的变化。该方法基本根据藻类增长潜力（AGP）实验进行设计，对于探讨水体富营养化机制的研究有重要价值。

【实验目的】

（1）了解藻类的生长与水体中主要营养盐的关系。

（2）进一步理解利比希"最小因子定律"。

【实验器材】

1. 实验藻种

小球藻（*Chlorella vulgaris*）或羊角月牙藻（*Selenastrum capricormutum*），铜绿微囊藻（*Microcystis aeruginosa*），斜生栅藻（*Scenedesmus obliquus*）等。

2. 仪器与设备

三角瓶（250 mL 或 125 mL），封口膜，生物培养箱或培养架，超净工作台，显微镜，血细胞计数板或浮游植物计数框，提取叶绿素的设备，722 或 723 分光光度计，90% 丙酮，0.45 μm 孔径的醋酸纤维滤膜，离心机，离心管，吸管，研钵，蒸馏水，溶液瓶，无菌水和 AGP 培养基所需的各类试剂等。

【方法与步骤】

1. 培养基的配制

按表 5-6 的配方配制 AGP 培养基，常量和微量营养盐分别配制成各自的母液，并分别按表中数量盛入 1 L 溶量瓶中。添加完毕后用蒸馏水定容到 1 000 mL。然后，在高压锅中灭菌 15 ~ 20 min。

表 5-6　AGP 培养基配方（顾进伟等，2014）

营养盐	加入数量	母液
$NaNO_3$（氮源）	100 mL/L	15.0 g/L
K_2HPO_4（磷源）	10 mL/L	2 g/500 mL
$MgSO_4 \cdot 7H_2O$	10 mL/L	3.75 g/500 mL
$CaCl_2 \cdot 7H_2O$	10 mL/L	1.8 g/500 mL
柠檬酸	10 mL/L	0.3 g/500 mL
柠檬酸铁铵	10 mL/L	0.3 g/500 mL
EDTA Na_2	10 mL/L	0.05 g/500 mL
$NaCO_3$	10 mL/L	1.0 g/500 mL
A5（微量营养盐）	1 mL/L	
H_3BO_3		2.86 g/L
$MnCl_2 \cdot 4H_2O$		1.86 g/L
$ZnSO_4 \cdot 7H_2O$		0.22 g/L
$NaMoO_4 \cdot 2H_2O$		0.39 g/L
$CuSO_4 \cdot 5H_2O$		0.08 g/L
$Co(NO_3)_2 \cdot 6H_2O$		0.05 g/L

注：pH = 7.0 ~ 7.5，可用 0.1 mol/L 的 NaOH 和 0.1 mol/L 的 HCl 调节。

2. 实验藻种的扩大培养

首先在 250 mL 三角瓶中倒入 60 mLAGP 培养液，再在超净工作台中将小球藻的藻种接种到培养液中，在 2 500 ~ 4 000 lx 光照和 25 ~ 28℃条件下扩大培养，光暗比为 12 L：12 D，最好能每 2 h 摇 1 次培养瓶，待其中藻细胞的密度达到 5×10^4 个 /mL 以上时即可。上述扩大的藻可按实验的需要量连续转接和扩大培养。

3. 实验藻种的饥饿培养

将上述扩大培养的藻液以 3 000 r/min 的转速离心 15 min，并用 15 mg/L 的 $NaHCO_3$ 洗涤两次。将洗涤过的藻用适量无菌水稀释，然后接种到不加氮和磷的 AGP 培养液中饥饿培养 2 ~ 3 天。

4. 实验培养液的设计配制

各实验组可以分工，在 AGP 培养液的基础上，分别设定改变氮营养水平和磷营养水平的培养液。如氮可设定为 0、5、10、15、20、25、30 mg/L 等，磷可设定为 0、0.5、1.0、2.0、3.0 mg/L 等。将不同水平的培养液倒入 250 mL 和 125 mL 三角瓶中，前者倒入 60 mL，后者倒入 40 mL。每个营养水平均需要两个培养瓶，以保证实验结果的科学性。此外，要以 AGP 培养液作为对照组，同样要有两瓶。各瓶口用封口膜封好后进行高压灭菌 20 min，冷却后备用。

5. 接种培养

对饥饿培养 2～3 天的藻液的细胞密度用血细胞计数板或浮游植物计数框在显微镜下进行计数，再计算出每培养瓶中藻种的接种量。要求初始的藻细胞密度在 10×10^3 个 /mL 左右。然后，按照接种量于超净台上在每瓶中接种。最后，将接种的三角瓶置于 2 500～4 000 lx 光照和 25～28℃条件下扩大培养，光暗比为 12 L∶12 D（注意接种操作都要在超净工作台中进行），培养瓶每 2 h 摇 1 次。

6. 细胞密度和叶绿素的测定

观察比较不同氮水平和磷水平的培养液中藻类生长的情况可用测定藻细胞密度和测定藻的叶绿素含量作为指标。最简单的方法是每天或每两天定时用血细胞计数板或浮游植物计数框计算藻细胞的密度。注意在用吸管吸取藻液时一定要先把藻液摇匀，而且每次至少计数两次，取其平均值。测定的次数可以灵活掌握，但至少不得少于 5 次。有条件的话，也可以一直测定到藻类停止生长为止。

同时，最好也同步用提取藻细胞的叶绿素的方法进行测定，即每次可吸取摇匀的藻液 5 mL 或 3 mL，先在抽滤器中抽滤，再将有藻的滤膜用剪刀剪碎，加 90% 丙酮在研钵中研磨提取叶绿素。再经过离心（3 000 r/min，15 min），将提取液定为 5 mL。最后，在分光光度计上测定 663 nm 或 650 nm 的吸光度（D）。不计算叶绿素的含量而直接用吸光度值也可以作出生长曲线进行比较。

【结果与分析】

将各个营养水平的两个培养瓶中的藻细胞密度（或叶绿素吸光度值）平均数作为有效数据，再将每两天测定的数值列表并作生长曲线图。最后，对实验结果进行分析，比较不同氮、磷营养水平对藻类生长的影响。各个实验组可以报告本组的实验结果，全班再在一起进行分析和讨论。

【思考题】

（1）以实验结果为依据，试分析氮和磷的含量以及两者的比值对藻类生长的影响。

（2）藻细胞计数和测定藻类叶绿素的吸光度值两种指标之间有何关系？

（3）根据本次实验的体验和利比希"最小因子定律"的理论，设计一个探讨水体富营养化和水华发生机制的实验。

【探索性实验】

设计改变其他营养因子和培养条件，观察对藻类生长的影响。

（周云龙，牛翠娟）

实验 5.6 ｜ 河流与湖泊（池塘）生态系统营养结构观测

　　生态系统是在一定的空间和时间范围内，在各种生物之间以及生物群落与其无机环境之间，通过能量流动和物质循环而相互作用的一个统一整体。生态系统的三大功能群生产者、消费者和分解者通过最基本的食物与营养关系联系在一起。能量和营养是任何生物最基本的生活需要。生产者捕获光能，经光合作用利用二氧化碳和水合成有机物；消费者为异养生物，只能以其他生物（植物、动物或死的有机物）为食，获取能量用于生命活动。消费者中依赖死有机物质生活的，又可分为分解者（细菌、真菌）和食腐者（无脊椎、脊椎动物）。分解者能够把动植物的残体分解成简单的化合物和元素归还给自然界，重新供植物利用，在生态系统物质循环过程中发挥着重要作用，所以常作为一类单独列出。生态系统中生物之间依取食和被食关系而形成的链状关系称为食物链，生态系统中所有生物依食物关系而形成的复杂网状结构称为食物网，食物链和食物网构成生态系统的营养结构。

　　在本实验中，我们将通过采样，辨别生物构成，查文献了解构成生物的营养特性，最后构建并分析所观测生态系统的营养结构。

【实验目的】

（1）通过实验操作，了解生态系统结构分析的基本方法。

（2）通过查资料、分析讨论结果，加深对食物链、食物网及其功能的理解。

【实验器材】

塑料桶，样本瓶，剪刀，采泥器，浮游生物网，捞网，记录本，笔，温度计，流速计，透明度盘，塑料袋，金属筛，解剖镜，显微镜，水生动植物分类图鉴等。

【方法与步骤】

（1）在本实验开始前要求学生复习生态系统的概念、结构与功能的相关内容，并查文献了解流水与静水生态系统的环境特点、物种构成、生产力与功能特点，等等。

（2）将学生分成两组，在学校附近分别找一个湖泊（池塘）和小河，记录采样区域环境（温度、透明度、水深、流速等）后分别用浮游生物网、采泥器、捞网等采集浮游生物、底栖生物和较大型水生动物与水生植物，样本带回实验室进行分析。

（3）在教师帮助下，借助图鉴、解剖镜和显微镜，对所采样本进行分类，注意对数量多的优势种要详细观测其形态、构造特点。每一大组分成不同的小组，分别对不同类别的样本进行分类，记录其大致量的多少。最后将不同生态系统中所有出现生物种类总结到一起。可忽略微小的分解者。

（4）列出数量较多的各类群优势种类，由学生在课下去查文献，了解其生态习性特别是食物特点。

【结果与分析】

根据各组采集的不同生态系统生物类群和文献检索结果，撰写研究报告，列出并比较分析你所观测的流水与静水生态系统的典型食物链与食物网构成。

【思考题】

（1）水域生态系统的营养结构有何特点？

（2）根据你所构建的食物链与食物网，结合水生生物的特点，你能画出湖泊和河流生态系统的能流图吗？

附：背景知识

湖泊（池塘）生态系统属静水生态系统，水流动性小或不流动，底部沉积物较多，水温、溶解氧、二氧化碳、营养盐类等在深水区分层现象明显，生物群落比较丰富多样。其中的生产者有藻类（浮游、底栖藻类）和水生植物（挺水、漂浮、沉水植物）；消费者根据其获取食物的方式有滤过食者（双壳贝、植食性浮游动物、鲢鱼等）、刮食者（如植食性水生昆虫、腹足类）和捕食者（肉食性浮游动物、鱼类等）。水体的各部分广泛分布着各种微生物为分解者。

河流生态系统属流水生态系统的一种，由于水的持续流动性，水中的溶解氧比较充足，层次分化不明显。其中急流中生物大多具有适应急流生境的特殊形态结构，表现在浮游生物较少，生产者多为附石藻类，底栖生物多具有扁平体形、流线型体形或吸盘结构，适应性广的鱼类和微生物丰富。缓流区生物种类较多，类型介于湖泊与急流生物之间，来自陆地的大量有机碎屑是河流生态系统的重要食物和营养来源。

（牛翠娟）

实验 5.7 | 影响水域生态系统营养结构变化的因素

生态系统中各种生物之间、生物与环境之间不断发生着能量流动和物质循环，生物之间依食物关系构成复杂的食物网，维持着系统的动态平衡。许多因素会对这种动态平衡产生影响。如外源营养物质的流入会改变初级生产力，从而改变各营养级的生物量（上行效应）；而系统中引入高营养级水平的捕食者（如水库中引入鱼特别是外来种的鱼类），也会对各营养级生物构成及数量产生重要影响（下行效应）。

本实验引导学生在充分了解生态系统结构及其动态变化的基础上，在实验室内利用人工模拟生态系统，提出问题和假说，设计实验观测影响生态系统营养结构变化的因素。

【实验目的】

（1）培养学生运用所学生态系统理论分析和解决问题的能力。

（2）通过实验，加深对生态平衡及其影响因素的理解。

【实验器材】

1. 实验对象

微藻，大型浮游动物（枝角类或桡足类），小鱼（鲢、鲤或鳙幼鱼，1～2 cm）。

2. 仪器与设备

贮水箱，塑料桶，采样瓶，大烧杯，大型锥形瓶或水槽（20 L 左右），充气装置，浮游生物网，光照培养箱，解剖镜，显微镜，浮游生物计数框或血细胞计数板。

3. 试剂

磷酸盐营养液（将 0.219 7 g 磷酸二氢钾溶于 1 L 蒸馏水中），10% 蔗糖 – 福尔马林溶液，鲁氏固定液（Lugol 固定液）（将 5 g 碘 +10 g 碘化钾 +10 mL 冰醋酸溶于 100 mL 蒸馏水中）。

【方法与步骤】

（1）该实验需要分两周、在两次实验课内完成。第一次实验课前先将学生分成几个大组，让学生认真复习生态系统相关知识，指导学生围绕如下问题提出假设，设计实验：

① 光变化对生态系统结构有何影响？

② 外源营养物质对生态系统结构有何影响？

③ 顶级捕食者对生态系统结构有何影响？

（2）在学校附近选择浮游生物较为丰富的池塘，取洁净的塘水过滤后放到贮水箱中运回实验室，另用浮游生物网在池塘不同水层、区域采集浮游生物，放到采样瓶中带回实验室。

（3）根据各组实验设计，先向大型锥形瓶中注入等体积的塘水，再将采样瓶中浮游生物充分混匀后取等体积滴入装有塘水的锥形瓶中，根据情况可适当补充等量的微藻或大型浮游动物进去，构成初始人工生态系统模型。滴入锥形瓶的浮游生物数量在滴入前要分类、取样计数，以确定系统各营养级初始数量。

（4）各组根据实验设计标号实验组、对照组，如根据不同目的向初始人工生态系统中加入磷营养盐（3.3 mL/L 水）、小鱼（1～2 条 / 系统）等，将系统在设定的光照条件下充气放置 1 周，每天观察一次，如鱼有死亡，应及时更换新的。

注：浮游生物的分类可能比较困难，只要按生产者、初级消费者、次级消费者分类即可，但明显的优势种类尽量定到种或属。浮游生物计数可将原样品充分混匀后视密度大小取一定体积出来，用 25 号浮游生物网将浮游动物和浮游植物分开。将网上浮游动物用 50 mL 左右的蒸馏水冲洗到烧杯中，再加 10% 蔗糖 – 福尔马林溶液到 100 mL 固定，充分混匀后取 1 mL 于计数框中，先在显微镜下计数小型浮游动物数量，忽略大型浮游动物，重复 3～4 次；另取 10 mL 于培养皿中在解剖镜下分类计数大型浮游动物数量，重复 3～4 次，根据计数结果推算出原样品中浮游动物数量。浮游植物样品可按 1 mL 鲁氏固定液 /

100 mL 样品的比例加入固定液固定，静置 24 h，倒掉上清液，使溶液浓缩到 5 mL，充分混匀后取 0.1 mL 于 0.1 mL 计数框中，显微镜下随机计数 8～10 个视野，推算出原样品中浮游植物的数量。

（5）第二周实验课时各组将自己系统样品中的浮游生物同上分类计数，求出各营养级的数量。汇总各组结果，并进行讨论分析。

【思考题】

哪些因素会影响水域生态系统的营养结构？

（牛翠娟）

附　录

附录 1 ｜ 生态学野外实习的意义及组织管理

一、生态学野外实习的意义

我国幅员辽，气候上南北差异较大，从热带气候过渡到寒带气候，从海洋性气候过渡到内陆的大陆性气候；在地形上，从平原经丘陵、低山到高山峻岭直至世界"第三极"的青藏高原；东西南北中的土壤状况差异也十分明显。这些生态环境的多样性，为植物的生存提供了得天独厚的条件，更为动物的生存繁衍创造了众多适宜的栖息场所。因此孕育着许多中国特有的珍稀动植物种类。生态学野外实习是将学生带进大自然中进行生态学学习，这不仅能激发学生对大自然的热爱与勇于探索自然奥秘的勇气和兴趣，而且还可以学到许多在课堂上学不到的知识，极大地开学生的视野。因此，生态学野外实习具有重要的意义。

第一，生态学野外实习是一项综合性的学习，它不单单是科学知识的学习，更是对人的品质与毅力的考验。生态学野外实习的场所往往是人烟比较稀少的地区，生活条件比较艰苦。因此，在实习的过程中，要求学生们之间要互相爱护、互相帮助与互相谦让，要有不怕吃苦的精神。严格遵守老师们定下的各项纪律，通过野外实习更增进学生们之间以及学生与教师之间的友谊与了解。每次实习完毕，学生们总是依依不舍地告别实习基地。实习结束晚会上，学生们引吭高歌，抒发对大自然、对实习、对老师、对同学之间的情谊。每当这时，我们就觉得实习时的辛苦都是值得的，学生们不仅通过实习在知识上有了很大收获，更在身心情感上得到了一次升华。

第二，生态学野外实习是对课堂上所学生态学理论知识的复习与巩固。比如对于植物分类学来说，在野外对不同植物类群的认识，要比课堂上呆板的讲授生动形象得多，学生易于掌握与记忆；对于植物生态学来说，学生在野外通过自己艰辛的考察，了解各种植物群落类型的组成、特征以及分布规律，从而加深了学生们对植物分布与环境之间相互关系的认识；对鸟类、爬行类以及哺乳类动物的认识，还可以增强学生们对动物生活习性的了解。通过动植物标本制作和动植物小专题的完成，不仅可以巩固已学过的生物学与生态学知识，而且还可以理论联系实际，完成小型野外专题研究。

第三，生态学野外实习也是对指导教师的一次全面能力的考验。一方面教师必须具有扎实的学科专业知识，另一方面，还必须具有很强的组织管理能力。在完成正常的野外教学的基础上，教师必须对学生的生活、安全以及交通等问题进行精心的安排。只有这样才能保证野外实习的顺利进行。生态学野外实习也是学生们极其难得的一次亲身经历去探索大自然奥秘的学习机会。自然界本身就是一本生动无比的教科书，奥妙无穷的大自然隐藏着众多的科学奥秘。利用野外实习可以很好地让学生们感受到祖国山河的壮丽，培养他们热爱自然、保护生态环境的意识。激发他们积极探索自然界的奥秘的兴趣。

二、实习地点的选择

实习地点的选择十分重要，因为它不仅关系到野外实习的质量，而且还关系到实习能否顺利地进行。通常对实习地点的选择首先考虑交通是否方便。因为，野外实习学生很多，如果到达实习地点的交通不方便，极不利于组织与管理学生，而且还很不安全。其次，需要考虑该地点是否能满足教学需要，比如动植物种类的丰富程度、生态环境的类型是否多样（有利于将学生按生境类型分组指导实习）、植被垂直带是否明显以及地形是否有利于安全行走与攀登等都是要考虑的问题。最后，该地点能否解决全部实习人员的食宿更是一个十分重要的问题。住的地方不要求豪华，但要干净整洁，尤其是伙食要卫生，这样才能保证师生的身体健康。实习地点最好要有洗澡的地方，因为师生们每天的外出实习，十分辛苦，浑身是汗，回来后洗个澡是十分必要的。实习地点的选择可以多考察几个地点，通过实地比较后，再考虑经费问题确定。

三、实习前的后勤准备工作

在确定了野外实习地点后，接下来就要开始进行教学前的准备工作。首先，全体参加野外实习指导的教师必须要一同前往实习地点进行预查。搞清楚实习地点的地貌特征、主要的动植物种类、植被类型、学生分组实习的路线以及野外实习动植物与生态学小专题的确定。同时与实习地点的食宿接待单位洽谈好收费问题以及我们的一些要求。如果对当地的一些动植物种类不熟悉的话，可以向当地林场有经验的人士或有关专家请教，为圆满完成实习打下坚实的基础。

其次，要将实习所需要的一切用具分类装箱打包。例如相关的植物检索表、标本夹、标本采集器、记录本、台纸、胶水、显微镜、实体镜、样方绳、GPS（卫星定位仪）、海拔表、样方记录本、卷尺、绑腿、蛇药等。召集学生进行实习前的动员大会。在会上，要明确向学生提出实习的地点、内容、要求与一定要遵守的纪律。最好聘请一位医生随实习团同前往实习地点，以确保师生有病时能及时得到治疗。最后要联系好交通工具。如果是乘火车前往实习地点，则往返都要提前买好车票，同时联系好大轿车接送师生前往火车站；如果是乘汽车前往，则一定要与客运公司确定好实习完成后的返回时间，以便他们准时前来接送。

四、实习内容的设计

实习内容的设计是确保实习质量的先决条件。在设计实习内容时，要充分地利用时间，让学生每天都很充实。首先将学生按指导教师的人数分成若干小组，每个小组以 10～12 人为宜，这样可以保证教学质量与效率。如在对植物进行识别时，首先以小组为单位，上午对不同的实习线路上的植物种类进行识别，下午各小组分别对上午采集的植物标本进行鉴别特征的总结，对照植物特征，练习植物检索表的使用，以及压制标本。晚上给学生分别总结讲授该地区主要植物类群的鉴别特征、地质地貌特征与植被的主要类型和分布规律等，使学生对实习区域有一个比较全面的了解。在此基础上，将事先准备好的生态学各种小专题，公布出来让学生们根据自己的兴趣，组成课小组进行小专题的研究，从论文的构思、研究方法、实验数据的采集到结果分析与论文写作，全部由学生完成，指导教师仅是起到指导的作用。这样可以全面锻炼学生的分析问题与解决问题的能力，为了检查学生对实习内容的掌程度，在实习快结束时，可以采取考试的方式，考查学生对该地区主要的动植物种类的认识情况。让每个专题小组选派一名代表，向全班同学报告他们论文的研究成果，达到互相交流的目的。培养学生的团队合作、吃苦耐劳和用于探索的精神。

五、实习过程的组织管理

为了使实习能够按计地顺利进行，必须对学生进行强化管理。每天的作息时间要固定。清晨教师要鸣哨让学生一同起床、吃饭。早饭后，按规定的时间以小组为单位集合待命。在集合前全部实习人员（教师更应该以身作则）必须打好绑腿，穿好旅游鞋，不打绑腿、穿凉鞋的人员一律不准外出实习。因为，在野外，尤其是森林中，毒蛇会经常出没。最好每个学生能拿一根木棍或竹竿，用于"打草惊蛇"。在采集植物标本时，应该教育学生要爱护植物资源，尽量少采花草，尤其是花色鲜艳的植物。在实习过程中，决不能允许学生单独脱离实习小组，自己一人跑进森林中。这样万一发生危险，也没有人能及时发现与救护。每次用餐后，每个小组轮流收拾餐桌，以减轻食堂工作人员的工作压力，同时也可以锻炼学生的生活自理能力。如果实习需要，不能按时吃早午饭时，应该提前通知食堂准备好要带的干粮。如在山区实习，应该根据学生们的具体情况，决定是否攀登主峰。如果决定攀登主峰，一定要让每个人员带上雨具、干粮和水以及实习必需的用具。选择有经验的教师在前带路，中间有教师照应，队伍的最后有教师压阵，这样可以保证登山的安全，在营地休息时，如果有学生要求走出营地自己走走看看，必须要经过老师的批准而且必是三人以上方可出去，并告诉老师要去的地点。

为了让学生有一个良好的学习条件，教师可以与当地接待单位协商，租借他们的大会议室或教室，让学生们晚上有一个工作学习的地方。在实习即将结束时，可以为学生们组织一次会餐与联欢会，让学生们放松，增进教师与学生以及学生之间的友谊，给野外实习画上一个圆满的句号。在乘车返回前，一定要将生活过的环境清扫干净，给接待单位留下一个美好的印象。

（娄安如）

附录 2 | 野外生存常识

一、如何判别方向

野外判别方向的方法与经验很多，如果你不慎迷失了方向，不妨试试下列方法来判断方向。

（1）指南针：出野外最好准备一只刻度清晰的小型指南针，在具体使用时须确保水平使用。野外军用及地质队用的常见型号有六二式、六五式、ZBZ-80 式，使用简单，方便携带。

（2）手表判断法：地球 24 h 自转 360°，故 1 h 为 15°，而手表转一周 360° 为 12 h，即较太阳快 1 倍，这样可用手表与太阳粗略测定方位。早晨 6 时太阳在东方，影子指向西方，将表盘时针 6 指向太阳，表盘上 12 便指向西方；如将表盘顺转 90°，即将 6 除 2 为 3，则 3 指向太阳，此时 12 便指北方；同样在中午 12 时，太阳位于南方，将 12 除 2 为 6，则 6 指向太阳，12 便指北方。依此法测定方向最好要考虑地方时差，以免出现方位的偏差，但不妨作为大概方位的简易判断。

（3）植物判别法：俗话说："万物生长靠太阳"，掌握这一特征后，即使在无太阳的阴天也可通过观察判断方向。例如：大石块、树主干南面的草生长得较旺盛，秋天南面的草也枯萎得较快；树皮一般为南面的较光滑，北面的较粗糙，有的树在其北面树皮上有许多裂纹及疙瘩，这种现象在白桦树上表现特别明显；松柏类及杉树在树干上流出的胶脂南面的较北面多且易结成较大的块；秋季里许多果树朝南的果实结的较多，尤以苹果、红枣、柿子、柑橘等较明显，果实在成熟时也是朝南的先变色；长在石头上的青苔喜阴湿，以北面生长较旺；积雪融化多是先融化朝南的一面；庙宇、宝塔、一般住房大都坐北朝南，伊斯兰教的清真寺门朝东开。此外还可利用北极星、各个季节的自然风向、沙漠沙丘地表形态等判别方向。方向的判别要具体情况具体分析，综合判断。

一旦迷失方向，首先要镇定，对自己要有坚定的信心，然后利用上述知识判断方向。万一走不出来，可设法制作求救信号：可在高处燃放火堆，白天燃烟为佳，每分钟 6 次。这是国际上通用的求救信号。总之，只要有坚强的信念，通过努力，一定能走出"迷宫"。

二、如何防治毒蛇咬伤

野外实习一定要命令每一个师生穿好旅游鞋并打上绑腿。绑腿一般是用帆布做的，毒蛇的牙根本咬不透。同时手里还应该拿一根竹竿或木棍，用于打草惊蛇。在采集植物标本时，先用竹竿敲打一下植物周围的草丛，以免用手采摘时被毒蛇咬伤。但是万一被毒蛇咬伤，一定不要着急，只要采取正确的救助方法，伤者完全可以康复。

毒蛇咬伤是由具有毒牙的毒蛇咬破人体皮肤，继而毒液侵入引起局部和全身中毒的一类急症。据统计，我国的毒蛇有 48 种，其中危害较大的有以下种类：眼镜蛇科的眼镜蛇、眼镜王蛇、金环蛇、银环蛇；蝰蛇科的蝰蛇、尖吻蝮（五步蛇）、烙铁头（龟壳花蛇）、竹叶青、蝮蛇；以及海蛇科的十多种蛇类。这些毒蛇多数分布于广东、广西、台湾、福建、湖南、湖北、云南、江西、浙江、江苏、贵州、四川等省（自治区）。长江以北毒蛇种类较少，以蝮蛇常见；海蛇分布于我国东南沿海。毒蛇咬伤多见于夏秋季节。被毒蛇咬伤后，若能得到及时救治，可以避免或减轻中毒症状；如延误治疗，则可引起不同程度的中毒，严重者可危及生命。

一旦被毒蛇咬伤后，伤处可见一对较深而粗的毒牙痕，并伴随有局部和全身中毒表现。其局部症状为：伤处疼痛或麻木，出现红肿、淤血、水疱或血疱，伤口周围或患肢有淋巴管炎和淋巴结肿大、触痛。其全身表现为头晕、胸闷、乏力、流涎、视力模糊、眼睑下垂、出血倾向、黄疸、贫血、语言不清、吞咽困难等。严重者可发生肢体瘫痪、休克、昏迷、惊厥、呼吸麻痹和心力衰竭。

毒蛇咬伤后，应立即停止伤肢活动，以免加速毒液吸收和扩散。迅速结扎伤口近心端，每 15 min 放松 1 min，直到服用有效蛇药或注射抗毒素 3 h 后方可解除。立刻用冷茶水、清水冲洗伤口，吸吮伤口，由周围向伤口反复挤压，促使毒液渗出。紧急情况下，也可用自身小便冲洗伤口。点燃火柴，烧灼伤口，可破坏蛇毒，也是一种有效的急救方法。局部紧急处理是防止蛇毒中毒的重要环节。在经过紧急自救后，将病人迅速送往医院救治，最好能确定毒蛇种类，告诉医生。对于怀疑有毒蛇咬伤尚未出现局部或全身症状者，有必要求医进一步处理，并需观察 24 h。确认没有危险后方可出院。

三、几种外伤的紧急救护

如果在野外实习时，有人不慎意外头部受伤，现场自救是十分重要的。首先应判断出外伤的程度，以便采取相应的措施。若伤员受伤后始终清醒，能清楚讲述受伤前后一段时间内的经过，或即使有昏迷也不超过半小时，无呕吐史，或仅有 1~2 次呕吐，无头痛或仅有轻微头痛者，均属轻度外伤，仅需休息、镇静即可恢复。否则，均属中、重度脑外伤，若昏迷清醒后再度发生昏迷者，亦属重度脑外伤。应就近送医院急救。若发现伤口内有异物插入，切勿拔除，因为颅内有许多血管神经，轻易拔除异物容易弄断神经、碰破血管或导致异物残留。有时异物插入血管可起暂时性"堵塞破口"的作用，一旦拔除会造成大出血。耳、鼻等处有流血者不能用物去堵塞，应任其外流。对昏迷的伤员，绝对禁止对其大声叫喊或将其摇醒，应尽量减少伤员的活动，切忌坐起、行走。运送过程中头部要专人固定保护，避免头随车身晃动。

如果手遭受外伤，也要进行紧急救护。通常手外伤可分为钝器伤和锐器伤两大类。钝器伤常常见有被重物压伤或被硬物打伤，皮肤大多不会破，出现皮下青紫或血肿，此时要用冷毛巾或冷水袋外敷半小时左右，能防止血肿增大，减轻疼痛。若手指甲下出现血肿，可用烧红的回形针垂直在指甲血肿上穿刺小洞，积血从洞中流出，再贴上护伤胶布可止痛并保护指甲不脱落。

常见的锐器伤有刺伤和刀伤，当手被刺时，首先应该看有无刺入物，若有刺入物，就要设法挑出，方法是双手捏紧伤处，用火烧过或酒精消毒过的针拨开皮肤，挑出刺入物。刀伤时，如出血过多，先用力压迫手腕两侧的桡动脉和尺动脉以减少出血，然后进行包扎，包扎时应稍用力，以达到止血目的。为了预防感染，伤口处最好涂以红汞，包扎的纱布应该是经过消毒的，可使用餐前擦手用的消毒巾。一般情况下，手部小伤四五天会愈合，若肿胀不退或化脓，应到医院去诊治。

脚脖子扭伤后，应如何急救呢？由于踝关节的特点，当人们在高低不平的地面上行走、跳跃或跑步时，很容易引起踝关节突然内翻。当超过踝关节活动的正常范围时，就会发生韧带扭伤、撕脱和断裂，严重者可发生踝部骨折，所以踝关节扭伤是生活、工作和运动中很常见的一种外伤。发生踝关节扭伤时，应当立即停止行走或运动，用软物如枕头、被褥等把伤脚垫高，再用冷水进行冷敷以减轻肿痛，局部可以外敷消肿药膏，但不要用跌打药酒等按摩，不要立即入浴洗澡。此外应减少活动，一般 10 天左右基本可以恢复。如果伤脚肿胀严重，并出现明显的皮下瘀斑或内翻畸形时，可能发生骨折，应及时到医院诊治。

四、防治蜜蜂蜇咬

在野外实习时，经常发生学生被蜜蜂蜇咬的事件。通常蜂有多种，如马蜂、蜜蜂、黄蜂、牛蜂、土蜂等。这些蜂的腹部末端都有蜇刺，蜇入时，刺内的毒液就会注入人体内，使人局部红肿、产生水泡、甚至中毒而死。如果被蜂蜇了，你可以采取如下措施：

（1）躲避：遇到群蜂袭来，不要乱跑，蜂飞的速度比人跑得快，要立即抱头蹲下，用书包、衣服或者手臂将身体裸露部分遮挡住，尤其是头颈和面部，是重点保护部位。

（2）清洗：一旦被蜂蜇了，要用温水、肥皂水或者盐水、糖水清洗伤口，没有水时，新鲜的尿也可以。如果伤口处有残留的蜇刺，应立即拔掉。

（3）涂药：万花油、红花油、绿药膏等都可以。也可将生姜、大蒜、马齿苋（一种野菜）等捣碎、嚼烂后涂在伤口处。

（4）去医院：如果出现头疼、头昏、恶心、呕吐、烦躁、发烧等症状，应立即到医院治疗。

（娄安如）

附录 3 ｜ 生态学实验室常用试剂的配制及常规实验仪器

一、生态学实验室安全的基本要求

（1）进入实验室的人员，应该了解实验室的各项规章制度。

（2）做实验时，要着装实验服，扣上纽扣。

（3）在开始实验前，确认安全设施的放置位置，如灭火器、急救箱等。

（4）做实验的时候一定要按照操作步骤进行，使用仪器必须严格遵守操作规程。

（5）使用有毒、刺激性或腐蚀性药品时，戴上手套和防护镜，在通风橱中操作。

（6）抓取动物的时候一定要带好手套，防止被动物咬伤，同时也不要伤害动物。

（7）发生意外事故时，应迅速切断电源、火源，立即采取有效措施，听从指导教师的指挥，有序的撤离事发现场。

（8）保持实验室内的清洁，不得乱扔废弃物。

（9）安全使用水、电、气。

二、溶液的配制

溶液浓度有下面几种表示方法：物质的量浓度、质量摩尔浓度、质量分数（%）、质量浓度（g/L）、体积分数（%，体积/体积）、密度。

（1）物质的量浓度（c）：即每升溶液中溶质的物质的量（mol/L）。

$$物质的量浓度 = \frac{溶质质量 / 摩尔质量}{溶液体积}$$

（2）质量摩尔浓度：用 1 kg 溶剂中所含溶质的物质的量来表示的溶液的组成，称为质量摩尔浓度（mol/kg）。

（3）质量分数（%）：表示每 100 g 溶液中溶质的质量（g）。类似的表示还有 mg/g 和 μg/g。

（4）质量浓度（g/L）：表示 1 L 溶液中溶质的质量（g）。这里需要说明的是，还有一种不规范的表达经常出现在商品或文献中：用百分数表示每 100 mL 稀溶液所含固体溶质的质量（g），如 1% 的碳酸镁溶液。

（5）体积分数（%）：加入液体溶质时，指溶质（或浓溶液）体积与溶剂体积之比（%）。

（6）密度：指物体单位体积所具有的质量（g/cm³）。

测定方法：比重计。

例 1　求出 1 mL 相对密度为 1.42，含量为 69% 的浓硝酸溶液中含硝酸的克数？

解：由相对密度得知 1 mL 浓硝酸质量为 1.42 g；在 1.42 g 中 69% 是硝酸，因此 1 mL 浓硝酸中硝酸的质量 = 1.42 × 69% g = 0.98 g。

例 2　设需配制 25 g/L 的硫酸溶液 50 L，则应量取相对密度为 1.84、含量为 98% 硫酸多少体积?

解:设需配制的 50 L 溶液中硫酸的质量为 m,则 $m = 25 \times 50$ g $= 1\,250$ g。

由相对密度和体积分数知,1 mL 浓硫酸中硫酸的质量 $= 1.84 \times 98\%$ g $= 1.8$ g,则应量取浓硫酸的体积 $= (1\,250/1.8)$ mL $= 694$ mL。

三、鲁氏碘液(Lugol's iodine solution)的配制

先将 6 g 碘化钾溶于 20 mL 的蒸馏水中,搅拌溶解后加入 4 g 碘,溶解后加入 80 mL 蒸馏水即可。

在用于水样中浮游生物的固定时,可根据水样中浮游生物量的多少,向水样中加入 1% ~ 1.5% 样品体积的鲁氏碘液。

四、溶解氧量表

不同温度条件下重蒸水饱和溶解氧量表

温度 /℃	溶解氧 / (mg·L^{-1})	氧饱和浓度 / (mmol·L^{-1})	温度 /℃	溶解氧 / (mg·L^{-1})	氧饱和浓度 / (mmol·L^{-1})
0	14.62	0.460	21	8.99	0.283
1	14.32	0.450	22	8.83	0.274
2	13.84	0.435	23	8.68	0.268
3	13.48	0.424	24	8.53	0.263
4	13.13	0.413	25	8.38	0.259
5	12.80	0.403	26	8.22	0.253
6	12.48	0.392	27	8.07	0.251
7	12.17	0.383	28	7.92	0.249
8	11.87	0.373	29	7.77	0.244
9	11.59	0.364	30	7.63	0.235
10	11.33	0.355	31	7.50	0.232
11	11.08	0.348	32	7.40	0.230
12	10.83	0.339	33	7.30	0.227
13	10.60	0.333	34	7.20	0.224
14	10.37	0.324	35	7.10	0.220
15	10.15	0.319	36	7.00	0.217
16	9.95	0.310	37	6.90	0.212
17	9.74	0.306	38	6.80	0.210
18	9.54	0.297	39	6.70	0.207
19	9.35	0.294	40	6.60	0.204
20	9.17	0.285			

注:$p = 101.325$ kPa。

五、实验动物的抓取

（1）小鼠：小鼠性情较温顺，一般不主动咬人。当需要测小鼠肛温时，用右手抓住鼠尾提起，放在鼠笼或粗糙表面上，在其向前爬行时，迅速用左手拇指和食指抓住其双耳及颈后部的皮肤，将鼠体置于左手心中，用左手无名指和小指压紧鼠尾和后肢，即可操作。

（2）牛蛙：当需要测牛蛙肛温时，用右手将牛蛙从饲养箱中拿出，从侧面用左手食指和中指夹住其腹部上侧，使其腹面向下，前、后肢分别在食指的两侧，用左手拇指、无名指和小指将牛蛙后部固定，即可操作。

六、生态实验常用仪器

光照培养箱，冰箱，控温水浴，数字温度计，气压计，实体显微镜，渗透压计，烘箱，稳流稳压电泳仪，垂直板凝胶电泳槽，高速冷冻台式离心机，干燥器，pH 计，搅拌器，微量进样器或移液器，高温电炉（马弗炉），便携式照度计，大气温度计，地表温度计，土壤温度计，空气湿度测定仪，土壤湿度计，风向风速测定仪，测高仪，年轮取样钻，年轮图像分析仪器，LI-6400 便携式光合作用仪，GPS 定位仪，海拔仪，胸径仪，样方绳，样方框，卷尺，天平等。

（黄晨西）

参考文献

北京师范大学，华东师范大学．动物生态学实验指导［M］．北京：高
    等教育出版社，1984．

布什．生态学：关于变化中的地球：第 3 版［M］．刘雪华，译．北京：
    清华大学出版社，2007．

陈吉泉，阳树英．陆地生态学研究方法［M］．北京：高等教育出版社，
    2014．

方精云．全球生态学［M］．北京：高等教育出版社，2000．

方萍，曹凑贵，赵建夫．生态学基础［M］．上海：同济大学出版社，
    2008．

顾进伟，钱谊，黄辉．莫愁湖富营养化限制性因素确定的 AGP 实验研
    究［J］．南京师大学报（自然科学版）．2014，37（3）：111–115．

金相灿，屠清瑛．湖泊富营养化调查规范［M］．北京：中国环境科学
    出版社，1990．

卡尔班，亨辛格美．如何做生态学（简明手册）［M］．王德华译．北京：
    高等教育出版社，2010．

李博．生态学［M］．北京：高等教育出版社，2000．

李振基，陈小麟，郑海雷．生态学［M］．2 版．北京：科学出版社，
    2004．

里克莱夫斯．生态学：第 5 版［M］．孙儒泳，尚玉昌，李庆芬，等，
    译．北京：高等教育出版社，2003．

牛翠娟，娄安如，孙儒泳，等．基础生态学［M］．3 版．北京：高等
    教育出版社，2015．

沙尼，格维茨．生态学实验设计与分析：第 2 版［M］．牟溥，译．
    北京：高等教育出版社，2008．

尚玉昌．普通生态学［M］．北京：北京大学出版社，2002．

宋永昌．植被生态学［M］．2 版．北京：高等教育出版社，2017．

孙儒泳，李博，诸葛阳，等．普通生态学［M］．北京：高等教育出版
    社，1993．

孙儒泳，王德华，牛翠娟，等.动物生态学原理［M］.4版.北京：北京师范大学出版社，2019.

王建树，林光辉，黄建辉，等.稳定同位素在陆地生态系统动植物相互关系研究中的应用.科学通报［J］.2004，49（21）：2141-2149.

邬建国.景观生态学——格局、过程、尺度与等级［M］.北京：高等教育出版社，2000.

阳含熙，卢泽愚.植物生态学的数量分类方法［M］.北京：科学出版社，1983.

杨持.生态学实验与实习［M］.3版.北京：高等教育出版社，2017.

张大勇.理论生态学研究［M］.北京：高等教育出版社，2000.

张大勇.植物生活史进化与繁殖生态学［M］.北京：科学出版社，2004.

张金屯，李素清.应用生态学［M］.北京：科学出版社，2003.

张维铭，现代分子生物学实验手册［M］.北京：科学出版社，2003.

中国植被编辑委员会.中国植被［M］.北京：科学出版社，1980.

Baker A J. Molecular methods in ecology［M］. Oxford：Blackwell Publishing，2000.

Brower J E，Zar J H. Ende C V. Field and laboratory methods for general ecology［M］. Dubuque：W. C. Brown Company Publishers，1990.

Cooke S J，Hinch S G，Mikelski M. et al. Biotelemetry：A mechanistic approach to ecology［J］. Trends in Ecology and Evolution，2004，19（6）：334-343.

Green R H. Sampling design and statistical methods for environmental biologists［M］.New York：John Wiley & Sons，1979.

Gustavo C，Gresshoff P M. DNA markers：protocols，applications，and overviews［M］. New York：John Wiley & Sons，1997.

Hames B D. Gel electrophoresis of proteins：a practical approach［M］. London：Oxford University Press，1998.

Hebert P D，Cywinska A，Ball S L，et al. Biological identifications through DNA barcodes［J］. Proceedings of the Royal Society of London. Series B：Biological Sciences，2003，270（1512），313-321.

Henderson P A. Practical methods in ecology［M］. London：Blackwell Publishing，2003.

Hoelzel A R. molecular genetic analysis of populations—a practical approach［M］. 2nd ed. London：Oxford University Press，1998.

Kromkamp J，Capuzzo E，Philippart C J M. Measuring phytoplankton primary production：review of existing methodologies and suggestions for a common approach［R］. EcApRHA，2017.

Lampert W，Sommer U. Limnoecology：The ecology of lakes and streams［M］. New York：Oxford University Press，1997.

Peter S. Ecology：global insights and investigations［M］. London：McGraw-Hill Education，2011.

Sang T，Crawford D J，Stuessy T F. Chloroplast DNA phylogeny，reticulate evolution，and biogeography of Paeonia（Paeoniaceae）［J］. American journal of Botany，1997，84（8），

1120–1136.

Shapiro J. Lake restoration by biomanipulation–a personal view ［J］. Environmental Reviews, 1995, 3: 83–93.

Smith R L, Smith T M. Elements of ecology ［M］. 9th ed. London: Pearson Education, Inc. 2015.

Sokal R R, Rohlf F J, Biometry ［M］. 4th ed. New York: W. H. Freeman and Company, 2012.

Tan S L, Luo Y H, Hollingsworth P M, et al. DNA barcoding herbaceous and woody plant species at a subalpine forest dynamics plot in Southwest China ［J］. Ecology and evolution, 2018, 8 (14), 7195–7205.

Tate J A, Simpson B B. Paraphyly of Tarasa (Malvaceae) and diverse origins of the polyploid species ［J］. Systematic Botany, 2003, 28 (4), 723–737.

Taylor G R. Laboratory methods for the detection of mutations and polymorphisms in DNA ［M］. Florida: CRC Press, 1997.

Underwood A J. Experiments in ecology: their logical design and interpretation using analysis of variance ［M］. Cambridge: Cambridge University Press, 1997.

Wetzel R G. Limnology: lake and river ecosystems ［M］. London: Academic Press, 2001.

Zar J H. Biostatistical analysis ［M］. 5th ed. Englewood Cliffs: Prentice Hall, Inc., 2010.

郑重声明

高等教育出版社依法对本书享有专有出版权。任何未经许可的复制、销售行为均违反《中华人民共和国著作权法》，其行为人将承担相应的民事责任和行政责任；构成犯罪的，将被依法追究刑事责任。为了维护市场秩序，保护读者的合法权益，避免读者误用盗版书造成不良后果，我社将配合行政执法部门和司法机关对违法犯罪的单位和个人进行严厉打击。社会各界人士如发现上述侵权行为，希望及时举报，我社将奖励举报有功人员。

反盗版举报电话　（010）58581999　58582371
反盗版举报邮箱　dd@hep.com.cn
通信地址　北京市西城区德外大街4号　高等教育出版社法律事务部
邮政编码　100120

读者意见反馈

为收集对教材的意见建议，进一步完善教材编写并做好服务工作，读者可将对本教材的意见建议通过如下渠道反馈至我社。

咨询电话　400-810-0598
反馈邮箱　gjdzfwb@pub.hep.cn
通信地址　北京市朝阳区惠新东街4号富盛大厦1座
　　　　　高等教育出版社总编辑办公室
邮政编码　100029

防伪查询说明

用户购书后刮开封底防伪涂层，使用手机微信等软件扫描二维码，会跳转至防伪查询网页，获得所购图书详细信息。

防伪客服电话　（010）58582300